兵器帝国

王牌兵器——名刃

WANGPAI BINGQI —— MINGREN

崔钟雷　主编

北方联合出版传媒（集团）股份有限公司
万卷出版公司

图书在版编目(CIP)数据

王牌兵器. 名刃 / 崔钟雷主编. —沈阳：万卷出版公司，2013.5
ISBN 978-7-5470-2375-4

Ⅰ. ①王… Ⅱ. ①崔… Ⅲ. ①冷兵器－世界－青年读物②冷兵器－世界－少年读物 Ⅳ. ①E92-49

中国版本图书馆 CIP 数据核字（2013）第 053499 号

兵器帝国

王牌兵器——名刃

出版发行：北方联合出版传媒（集团）股份有限公司
万卷出版公司
（地址：沈阳市和平区十一纬路 29 号 邮编：110003）
印 刷 者：莱芜市新华印刷有限公司
经 销 者：全国新华书店
幅面尺寸：190mm × 247mm
字　　数：100 千字
印　　张：6
出版时间：2013 年 5 月第 1 版
印刷时间：2016 年 5 月第 2 次印刷
责任编辑：丁建新
策　　划：钟　雷
装帧设计：稻草人工作室
主　　编：崔钟雷
副 主 编：王丽萍　张文光　翟羽朦
ISBN 978-7-5470-2375-4
定　　价：19.80 元

联系电话：024-23284090
邮购热线：024-23284050/23284627
传　　真：024-23284521
E－mail：vpc_tougao@163.com
网　　址：http://www.chinavpc.com

兵器——一个让人既好奇又恐惧的词汇，人们被它的无穷魅力深深吸引，却又对它的强大杀伤力心有余悸。兵器，可能沦为罪恶之战的帮凶，也可能成为正义之战的英雄；兵器，可能活跃于战火纷飞的前沿阵地，也可能藏身于危机四伏的情报战场；兵器，可能横空出世发动雷霆一击，也可能暗中渗透杀敌于千里之外。兵器就是这样以多重身份被人们熟知和了解的。

一个国家，因为拥有了高端前沿的兵器才能建立起坚不可摧的国防系统；一支军队，因为配备了强大先进的兵器才会所向披靡；一个士兵，因为掌握了精密犀利的兵器才会赢得荣誉和勋章。

为了揭开兵器家族的神秘面纱，给广大青少年呈现精彩纷呈的兵器世界，我们精心编辑了这套丛书，以富于视觉冲击力的图片和精美的文字，全方位介绍从残酷战争中走出来的“战场老兵”和那些从未在战场上出现过却依旧万众瞩目的“天之骄子”。让我们翻开这套丛书，走进硝烟弥漫的战场，共同领略神兵利器的傲世风采。

编　者

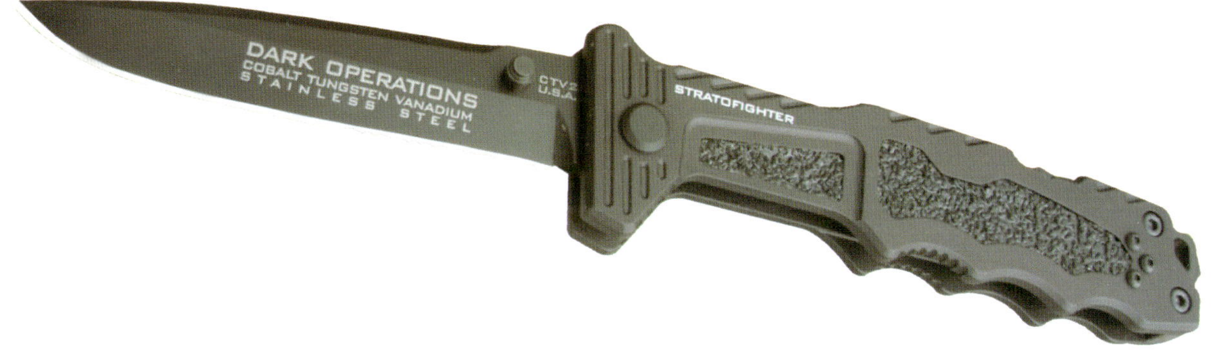

目录

CONTENTS

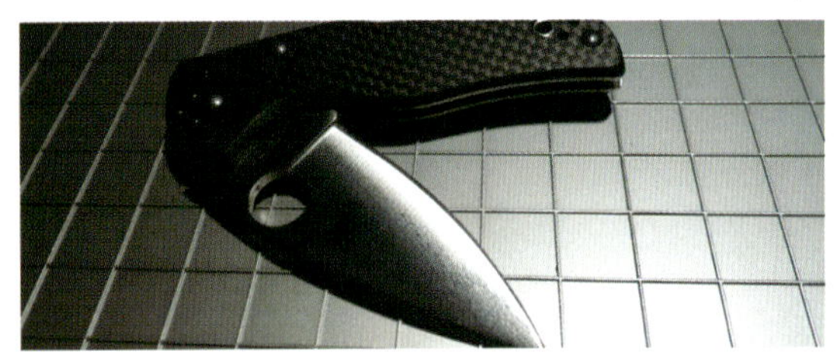

暗影杀手——匕首

隐身刺客——折刀

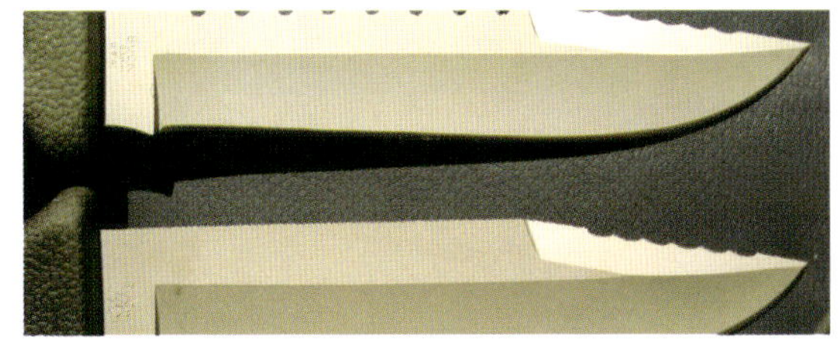

目录

CONTENTS

铁血军魂——刺刀

千古流芳——古刀剑

暗影杀手——匕首

冷钢 80FRD 匕首基本数据
全长:337 毫米
刃长:178 毫米
刃材:440 高碳不锈钢
重量:403 克(带刀鞘)
工艺:净光 + 雕花
品质:刃口锋利、经久耐用

冷钢匕首

冷钢公司一直致力于生产高性能的刀具,并要求每一把出厂的刀具性能都必须超过它的价格,即物超所值。同时,冷钢公司一直在寻求刀具制作材料与人体工程学的完美结合。在这样的设计思想指导下制作出来的冷钢匕首,握持舒适,锋利无比。

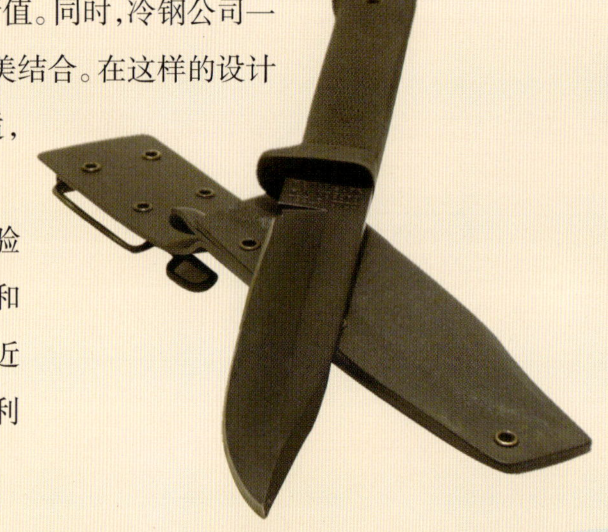

冷钢公司一直坚持“严格的测试是检验产品性能的重要方法”这一理念,切砍木板和连续切割麻绳等方法都是冷钢公司对产品近乎苛刻的测试方式,而冷钢匕首在各项锋利度与强韧度的测试中均有出色的表现。

精益求精

冷钢花费大量的科研精力投入到匕首设计中，以兑现“物超所值”的承诺，这些研究包括断面、厚度、人体工程学设计、握把舒适度、钢材合成和热处理等，细节的优化使冷钢匕首达到了最佳的整合效果。

生产地区

作为一家美国公司，冷钢公司的大部分高端产品在日本生产，中端产品在台湾生产，低端产品则在中国大陆生产。

“千锤百炼”

每一把冷钢匕首都是品质的保证，在锻造的过程中，冷钢匕首就经历了“千锤百炼”，而且还要经过严格的测试才能进入市场。

BUCK–888 匕首基本数据
全长:245 毫米
刃长:115 毫米
刃材:440C 不锈钢
重量:390 克
工艺:砂光 + 虎纹
品质:开刃精细、锋利度极佳

巴克匕首

在美国人的心目中,巴克匕首占有不可替代的主导地位,它优越的性能和可靠的品质是其他刀具无法比拟的,每一个拥有巴克匕首的人都能够感受到传统、简单的设计带来的舒适使用体验。巴克匕首的几何设计一直为人称道,它的刀身和刀柄自然过渡,浑然一体。巴克匕首的刀柄采用塑胶防滑设计,握在手里牢固、舒适。巴克匕首的刀鞘以高强度工程塑料为内衬,外裹尼龙材料,美观又耐用。巴克刀具公司生产的刀具都是终身保修的,这为巴克品牌树立起了良好的信誉。

刃口锋利

巴克匕首可以轻松切断麻绳,在经过了长时间、高强度的使用后,巴克匕首依然锋利如初。

成长过程

第一把巴克刀具是当时还是个刀匠学徒的巴克在 1902 年制作的，巴克通过对钢材的回火处理保证了刀刃的长久锋利。第二次世界大战期间，巴克制作了很多手工刀给美军使用。1947 年，巴克来到圣地亚哥，创办了巴克刀具公司。

多用性

野外生存者可以用巴克匕首切割食物、切割木材，甚至是劈砍柴薪。

KaBar-9128 匕首基本数据

全长:306 毫米

刃长:180 毫米

刃材:1095 高碳钢

重量:310 克

工艺:表面镀铬 + 金色镭射标志

品质:伊拉克战争纪念军刀,品质上乘

卡巴匕首

卡巴匕首在第二次世界大战中成名，并在此后的几十年间成为最受美国士兵欢迎的格斗刀。经过岁月的积淀和技术的积累,卡巴匕首依然焕发着耀眼的光芒,它仍然是很多美国海军陆战队队员近身格斗武器的第一选择。时代在变,卡巴匕首的设计思想也在变,但唯一不变的是卡巴匕首的可靠性和始终如一的高质量。获得广泛赞誉的卡巴匕首已经成为很多野外生存专家、户外运动爱好者和收藏家们的最爱。

二战扬名

随着第二次世界大战规模的扩大，广受好评的卡巴匕首在战场上变得供不应求，据统计，第二次世界大战期间，美国联合刀具公司共生产了超过一百万把卡巴匕首。

辉煌的历史

卡巴匕首的显赫战绩已无须细数，历史已经证明了它在严峻环境中，甚至是残酷战场上的可靠性和实用性。

使用舒适

手持卡巴匕首劈砍时，手与刀刃不在同一直线上，所以震动力量就会小很多，而且刀柄采用吸震性极好的材料制成，长期使用不会疲劳。

蜘蛛－毒刺基本数据
全长：230 毫米
刃长：92 毫米
刃材：440 不锈钢
重量：220 克（带刀鞘）
工艺：表面镀黑色氧化物
品质：棱角分明、轻巧强悍

蜘蛛匕首

蜘蛛匕首是科技与创意的融合，同时又充满了艺术气息。在美国，蜘蛛匕首被称为“标准创立者”，创新的设计、精良的选材和完美的工艺，使蜘蛛匕首成为美国备受青睐的刀具产品。蜘蛛匕首的刀身采用优质钢材制造，十分锋利，这也是蜘蛛匕首的强大优势之一。蜘蛛匕首的设计风格简约而不简单，其整体呈现出完美、简朴的自然风格。

蜘蛛匕首在刀具爱好者心中的地位或许正像蜘蛛公司的那句豪言壮语说的一样：无论你拥有多少刀具，其中必有蜘蛛。

魅力无限的“蜘蛛”

很多人都听说过“蜘蛛”这个独树一帜的刀具品牌，很多人不遗余力地收藏各种版本的蜘蛛刀具，这已经不是对一把性能出众的刀具的追求，而是一种自我个性的延伸。

艺术品

拥有精美的刀身、宽厚的刀背、锋利的刀刃和握持舒适的刀柄，蜘蛛匕首简直就是一件完美的艺术品。

设计风格

蜘蛛匕首的刀柄与刀身自然过渡，流线型设计造就了简约而大方的蜘蛛匕首。

托普斯－钢鹰匕首基本数据

全长:330 毫米

刃长:196 毫米

刃材:440C 不锈钢

重量:420 克

工艺:全刃镀黑钛

品质:精雕细琢、优质耐用

托普斯匕首

托普斯军火公司是美国一家著名的专业军刀制造公司,它所生产的军用匕首种类多、质量高,一度被认为已达到了军刀制造的最高水平。托普斯匕首坚固耐用,抛弃了对华丽外表的追求,而更加注重强度、力量和抗磨损能力等内在品质。

与设计精细的折刀相比,外形粗犷的直柄刀才是特种专业刀具的首选,它劈砍有力、出刀快和耐腐蚀等优点深受使用者的喜爱。而托普斯匕首更是集众家所长于一身,其精湛的制造工艺,使得托普斯匕首在任何时候都能够表现出优秀的性能。

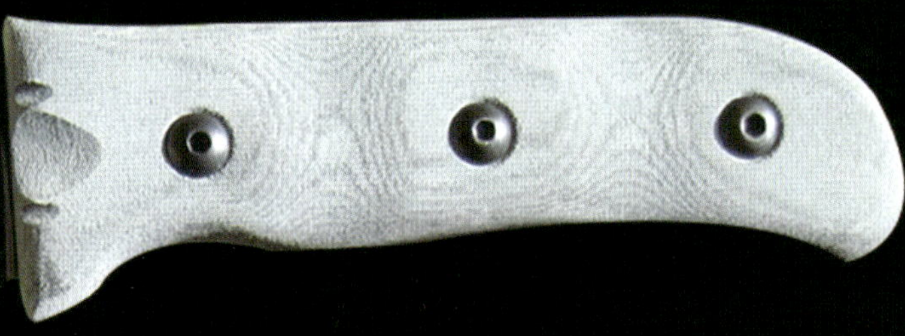

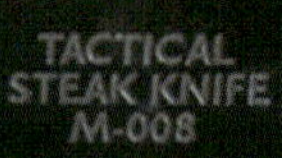

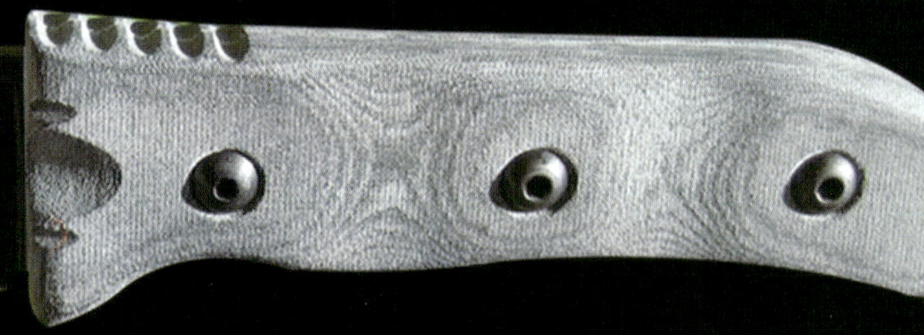

严格的要求

托普斯匕首采用手工切割和电子打磨相结合的制造工艺，刀身制造精美，而产品出厂前的品质评定标准更是可以用苛刻和野蛮来形容，这是为了保证托普斯匕首在作战、求生等艰苦环境和高要求任务中能够有出色表现。

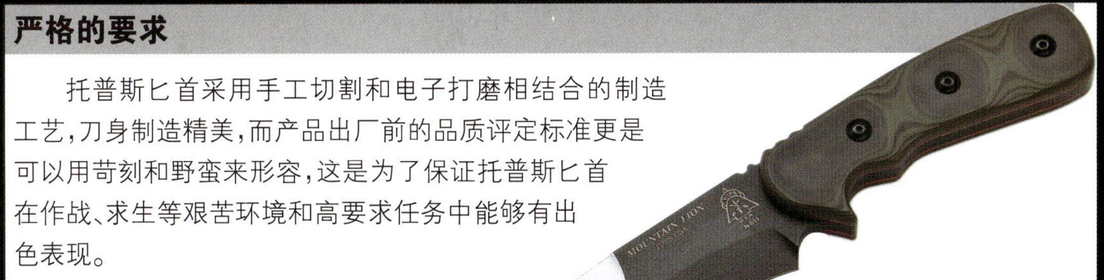

接受考验

托普斯匕首融合了美洲百年来的制刀工艺与现代特种部队的用刀需求，在现代战场和原始森林等险恶的环境中，仍能经受住严峻的考验。

性能出色

托普斯匕首能够完美地完成劈、砍、切等高强度动作，而且刀刃能够长久地保持较高的锋利程度。

多用性

托普斯匕首既是士兵们的战斗武器，同时又是野外生存工具。

M4X PUNISHER

马国森－防卫爪刀基本数据
全长:155 毫米
刃长:105 毫米
刃材:5Cr13 钢材
重量:115 克(带刀鞘)
工艺:砂光
品质:短小精悍、锋利无比

马国森匕首

马国森匕首风格独特,被众多刀具爱好者称为“武士之刃”。马国森匕首总是给人这样的感觉:温文尔雅中透着坚毅,内敛中带着王者之风。马国森匕首好似刀中儒者,有着一份难得的优雅气息。制刀大师马国森的军旅生涯对其制刀风格有很大的影响,他追求刀具实用性和艺术性的完美结合。马国森设计的匕首符合人体工程学设计,使用舒适,而匕首高度的实用性和高品质的刀刃打磨工艺更是赢得了全世界使用者的高度评价。

制造工艺

为了制造出完美的刀具,马国森遍访世界制刀名城,并最终在日本崎阜找到了自己梦寐以求的制刀工艺。马国森匕首的刀柄为一体化实心浇铸制成,刀身、刀柄和护手紧密结合,坚固耐用,代表了当时军刀生产的最高水平。

收藏价值

很多马国森匕首拥有者不舍得使用马国森匕首，而是把它当成收藏级的刀具。

品质保证

马国森匕首有着极高的可靠性和实用性，在赞誉声中逐渐成为世界级名刀。

微技术－黑夜战士匕首基本数据
全长:250 毫米
刃长:115 毫米
刃材:440 不锈钢
重量:450 克
工艺:刀身表面镀钛
品质:强悍大气、性能出众

微技术匕首

微技术刀具公司创办于 1994 年,至今虽只有 18 年的历史,但面对很多拥有传统制刀工艺的老牌刀具公司，微技术采用更人性化和更符合人体工程学的设计来赢得消费者的青睐。

微技术匕首全部采用由电脑控制的机床加工制造，可以最大限度地降低刀具制造过程中的误差和刀具加工过程中的差异。凭借自身独特的艺术气息和优良的做工,微技术匕首成为一代经典名刀。

锋利的刀刃

微技术采用先进的锻造工艺制造刀身,在提供极度锋利的刀锋的同时还保证刀刃出色的抗腐蚀性和耐磨损性。

创新之举

微技术匕首采用近年来评价较高的高科技合成钢材打造刀身,这是微技术刀具公司提升刀具质量,适应市场的重大举措。

刀柄

微技术匕首的刀柄宽阔，握持牢靠，保证了使用者在遇到危机情况时的出刀速度，即使戴着手套也能方便操作。

锐意进取

在世界刀具的发展历史中，微技术刀具已经取得了革命性的突破。时至今日，为了继承传统并紧跟时代步伐，微技术正在不断创新，追求卓越，努力续写世界上最好的创造性刀具设计品牌的辉煌。

安大略 U.S.M.C 骑兵刀基本数据
全长:210 毫米
刃长:110 毫米
刃材:430 高碳不锈钢
重量:164 克
工艺:镜光
品质:刀身坚固、刃口锋利

安大略匕首

精湛的制造工艺、精挑细选的材料、独具匠心的设计和对消费者不变的承诺,成就了安大略匕首斐然的声誉,很多安大略匕首已经成为现役美军的标准装备,这也使安大略公司成为美国最大的冷兵器供应商。

安大略公司是拥有广泛生产线的刀具生产商,可以生产各种切割器具,其中以军用刀最为出名。20 世纪 50 年代以来,美国空军就一直在使用安大略公司生产的各种军用刀具。

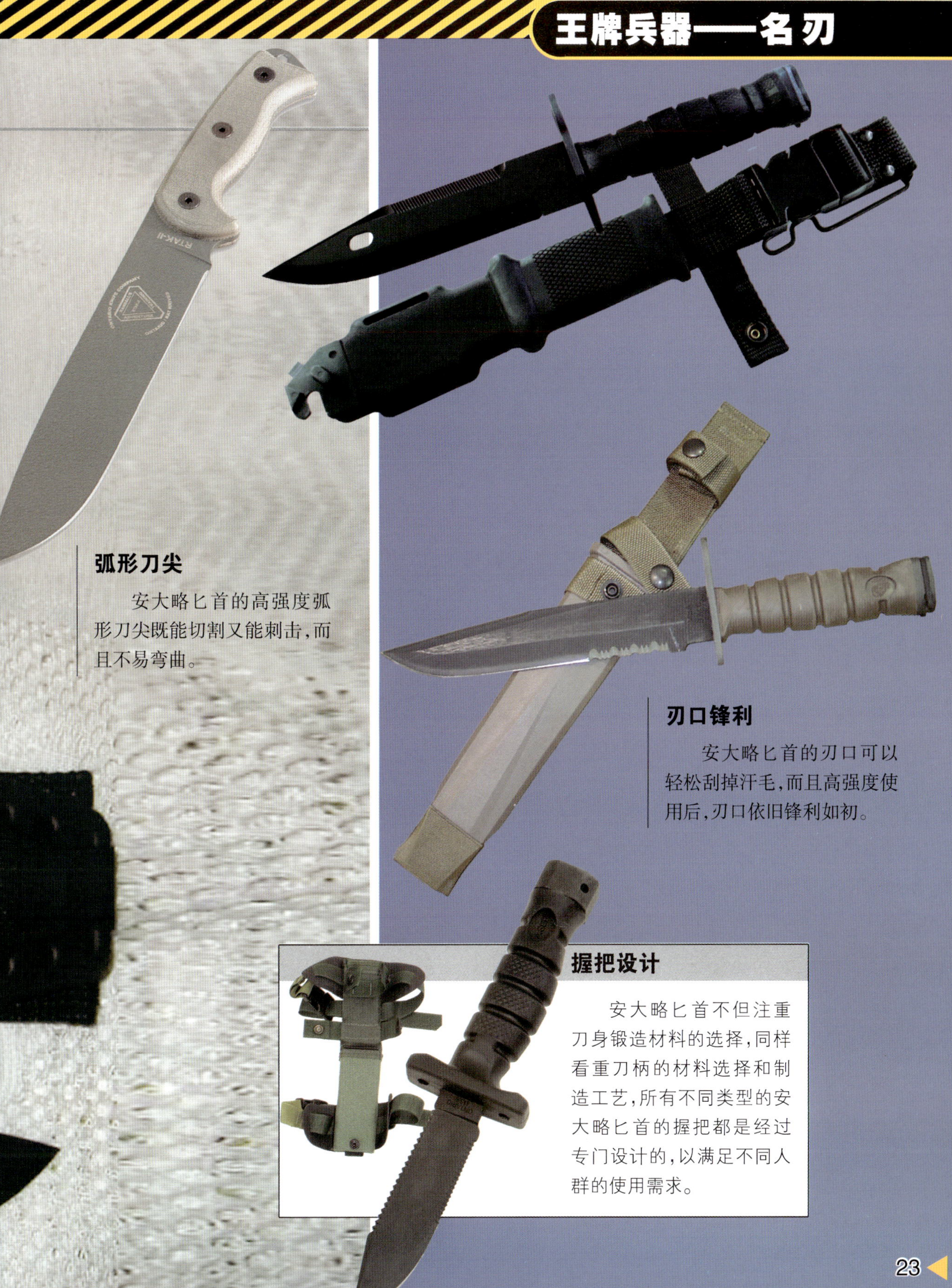

弧形刀尖

安大略匕首的高强度弧形刀尖既能切割又能刺击，而且不易弯曲。

刃口锋利

安大略匕首的刃口可以轻松刮掉汗毛，而且高强度使用后，刃口依旧锋利如初。

握把设计

安大略匕首不但注重刀身锻造材料的选择，同样看重刀柄的材料选择和制造工艺，所有不同类型的安大略匕首的握把都是经过专门设计的，以满足不同人群的使用需求。

挺进者 -D800 匕首基本数据
全长:315 毫米
刃长:190 毫米
刃材:5Cr13 钢材
重量:403 克(带刀鞘)
工艺:刀身表面砂光处理
品质:刃口锋利、品质上乘

挺进者匕首

挺进者匕首以超乎想象的高硬度特性著称于世，几乎所有的刀都会在使用的过程中有不同程度的损坏,然而挺进者匕首几乎很少出现受损的现象。在迄今为止出现的所有军用刀中,挺进者匕首是最坚固耐用的一种。挺进者匕首因为可靠的性能和出色的适应能力被誉为“美国特种兵最可靠的搭档”。

挺进者匕首为使用者提供优质的服务，使用者不仅享有终身保固的权益,而且还享有终身免费维修的服务,甚至拥有可以在无法维修的情况下更换一把新刀的贴心服务。

刀柄设计

多数挺进者匕首的刀柄上缠有军用伞绳,保证匕首不会从使用者的手中滑落。

华丽的外形

挺进者匕首的刀身线条流畅，刀身与刀柄过渡非常自然，外形华丽。

性能特点

挺进者匕首符合野战需要，容易保养，在野外用刀市场中非常受欢迎。

“挺进者”本色

挺进者匕首非常适合防身和近距离格斗，其锐利的刀尖和锋利的刀刃无疑会令对手畏惧三分，而挺进者匕首在实际使用中表现出来的优异品质的确无愧于“挺进者”这个名字。

蝴蝶-175BT 匕首基本数据

全长:139 毫米

刃长:52 毫米

刃材:440C 不锈钢

重量:120 克

工艺:表面黑色涂层处理

品质:全黑隐蔽、出刀迅速

蝴蝶匕首

蝴蝶匕首风格内敛,潇洒奔放,带给人视觉上的无限美感。蝴蝶匕首并不张扬,但在隐藏了锋芒和杀气的同时,又能随时爆发,展现惊人威力,可以说,每一把蝴蝶匕首都能让人看到它与生俱来的高贵与华丽。

蝴蝶刀具公司在起步时遇到了资金匮乏的难题,公司不得不用有限的资源甚至是二手设备进行生产。但创业者凭借坚韧的意志最终带领蝴蝶刀具公司走出困境,并开始引进新技术,购置新设备,使蝴蝶成为美国第一家使用激光设备的刀具公司。

美国本土生产

蝴蝶公司在海外没有分厂,所有的蝴蝶刀具都在美国本土生产。

刀身设计

蝴蝶匕首的刀身多为鹰嘴形,这是一种提升匕首刺击能力的设计,蝴蝶匕首的性能也因此更加全面。

创新举措

时代在变,制刀工艺也在不断进步,蝴蝶刀具公司开始了积极的创新：将非传统材料和现代造刀方法相结合。这一创新方式的应用,使蝴蝶匕首具备了更全面的功能和更可靠的性能。

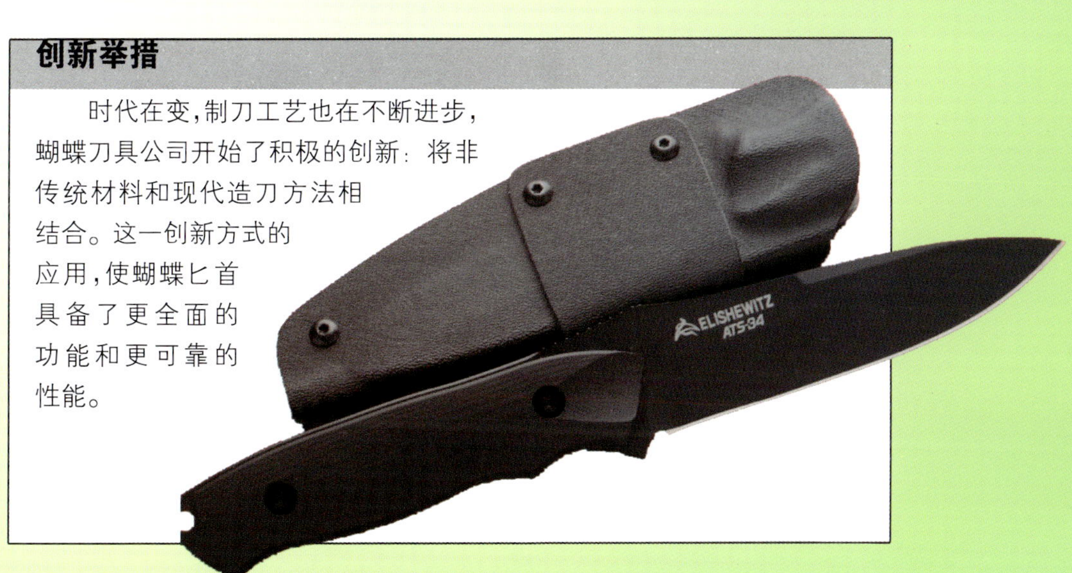

史密斯·韦森－铁马匕首基本数据

全长:230 毫米

刃长:105 毫米

刃材:440 不锈钢

重量:380 克

工艺:黑色特氟龙涂层

品质:威猛美观、强悍实用

史密斯·韦森匕首

一款值得信赖的匕首,应该是紧急情况下完美的切割工具,也应该是近身肉搏中操作灵活的自卫和进攻武器,因为它将是战士生命的最后防线,史密斯·韦森匕首就是这样值得信赖的匕首。史密斯·韦森匕首在设计方面的思想就是注重实用性,而史密斯·韦森匕首也确实在多种环境的考验中展现出了非凡的性能。刀尖的刺击能力无可挑剔,而锋利的刀刃可以迅速砍断绳索,坚固的刀身可以撬开变形的车门或铁门,史密斯·韦森匕首不但是一把武器,还可以作为救援刀使用,是值得使用者信赖的随身工具。

外形特点

史密斯·韦森匕首采用自然过渡的整体设计思路,刀身与刀柄之间的衔接过渡并不明显,看起来浑然天成。

刀柄设计

史密斯·韦森匕首的刀柄采用特殊的防滑材料制成，并有齿状条纹，方便使用者抓牢匕首并控制挥刀力度。

人性化设计

史密斯·韦森匕首可配备刀鞘、战术腰夹、护手绳等附件，这让史密斯·韦森匕首变得携带方便、用途广泛。而且，部分史密斯·韦森匕首的刀身经过迷彩涂层处理，这样的设计使得史密斯·韦森匕首在野外作战的环境中不容易暴露，发动突袭更容易成功。

防御大师－特种部队搏击匕首基本数据
全长:320 毫米
刃长:170 毫米
刃材:440 不锈钢
重量:700 克
工艺:表面砂光处理
品质:精准、坚固、锋利

MOD 防御大师匕首

对于搏击界精英和特种部队战士来说，最重要的事情莫过于选择一款得心应手的武器。好的武器在他们看来是充满灵性的，是跟主人心有灵犀的。在挑选匕首时，美国多数搏击者和特种部队队员都会毫不犹豫地选择防御大师匕首。防御大师刀具公司的创建者吉姆·雷是颇负盛名的刀具专家，他选择的设计师也均为著名的搏击专家或身经百战的特种部队成员，专业的设计团队加上业内最先进的工艺造就了一款又一款精品刀具，可以说防御大师匕首代表着搏击工具制作工艺的巅峰。

打造经典刀具

每一把防御大师匕首都是由设计师精心设计的，它们凝聚了设计师对艺术的不同理解。

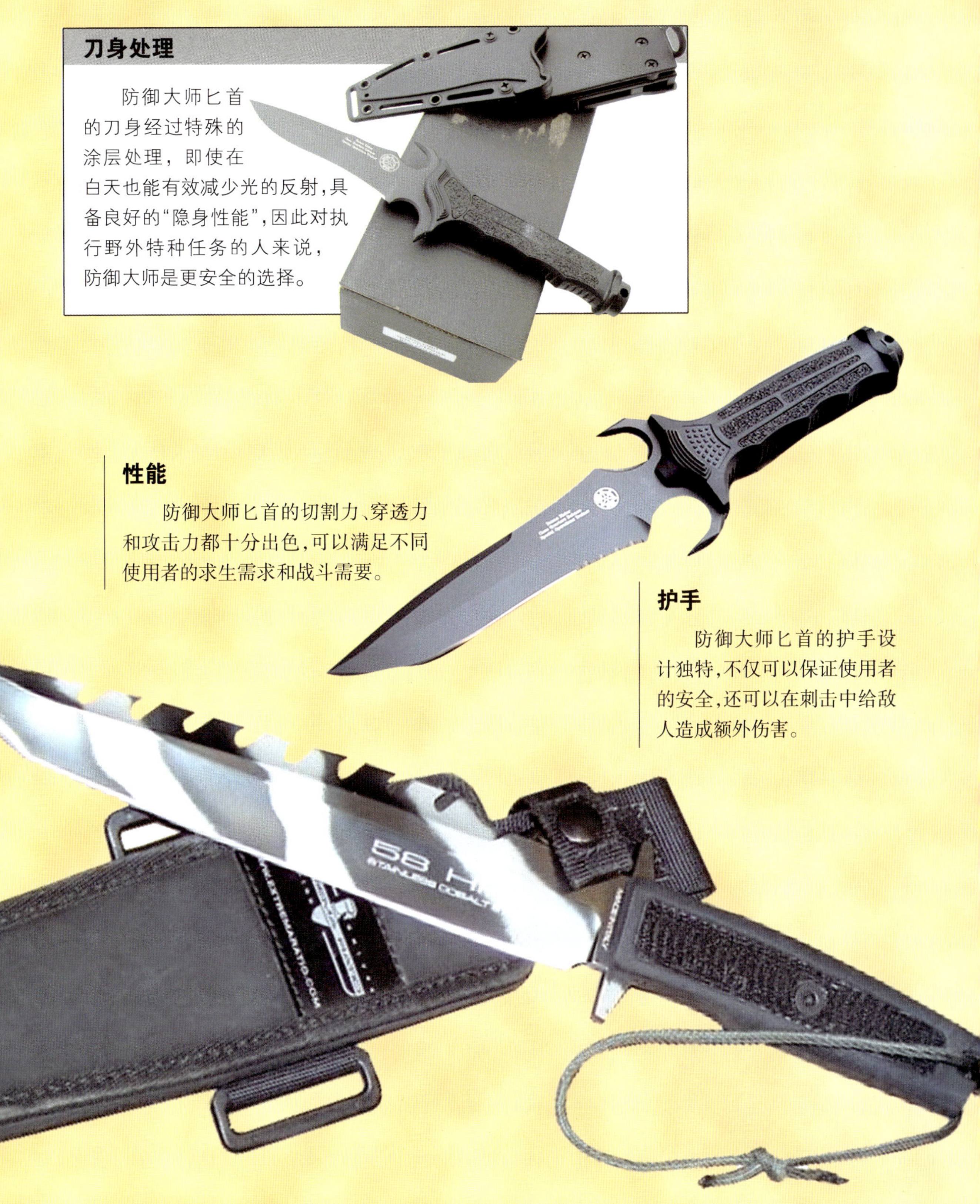

刀身处理

防御大师匕首的刀身经过特殊的涂层处理，即使在白天也能有效减少光的反射，具备良好的“隐身性能”，因此对执行野外特种任务的人来说，防御大师是更安全的选择。

性能

防御大师匕首的切割力、穿透力和攻击力都十分出色，可以满足不同使用者的求生需求和战斗需要。

护手

防御大师匕首的护手设计独特，不仅可以保证使用者的安全，还可以在刺击中给敌人造成额外伤害。

哥伦比亚河－紧急求生匕首基本数据

全长:250 毫米

刃长:90 毫米

刃材:440C 不锈钢

重量:460 克

工艺:表面镀钛

品质:锋利可靠、用途多样

哥伦比亚河匕首

1994 年,哥伦比亚河刀具公司成立,该公司不断引进最前沿的设计理念,并和最著名的刀具设计师合作,该公司设计生产的刀具极富创意和革新力,并且价格适中。在投入市场之前,每一把哥伦比亚河匕首都要经过严格的检验,材料、工艺和刀锋中的每一个细节都不允许有差错。检查员会反复检查以保证匕首的稳定性、可靠性和安全性。哥伦比亚河刀具公司的优质服务在业界很知名,而且在销售刀具后也会继续为客人提供优质的服务。

设计特点

哥伦比亚河匕首采用一体化设计，所有的匕首都是由一整块钢材加工锻造而成的，而且部分匕首的刀柄还凿有圆孔，这一设计减轻了匕首的重量，但并不影响匕首的强韧度。

锯齿刃

哥伦比亚河匕首的锯齿刃具有异常强大的切割能力，可割断绳子,甚至是钢索。

产品多样

从劈砍能力突出的大尺寸匕首到可以隐藏在身体任何部位的小尺寸匕首,哥伦比亚河匕首功能多样,可以满足使用者对匕首的不同战术要求。

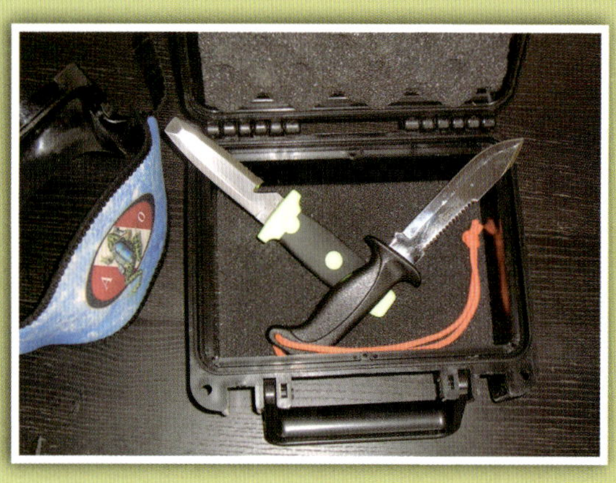

奥托－猎人靴刀基本数据
全长：275 毫米
刃长：140 毫米
刃材：440C 高碳不锈钢
重量：240 克
工艺：表面喷砂黑化处理
品质：锋利耐用、善于切割

奥托匕首

西班牙奥托公司是一家久负盛名的刀具生产公司，旗下多个系列的奥托匕首至今仍是全世界刀具爱好者关注的焦点。奥托匕首以其卓越的性能和优良的品质赢得了众多户外运动爱好者的青睐。1893 年，奥托公司开始生产兵器，同时开始生产和销售野外多用途刀具。而采用淬火技术和回火加工方式锻造的奥托匕首，因品质上乘、性能可靠而被西班牙军队和北约各国军队采用。一时间，奥托匕首在世界范围内名声显赫。

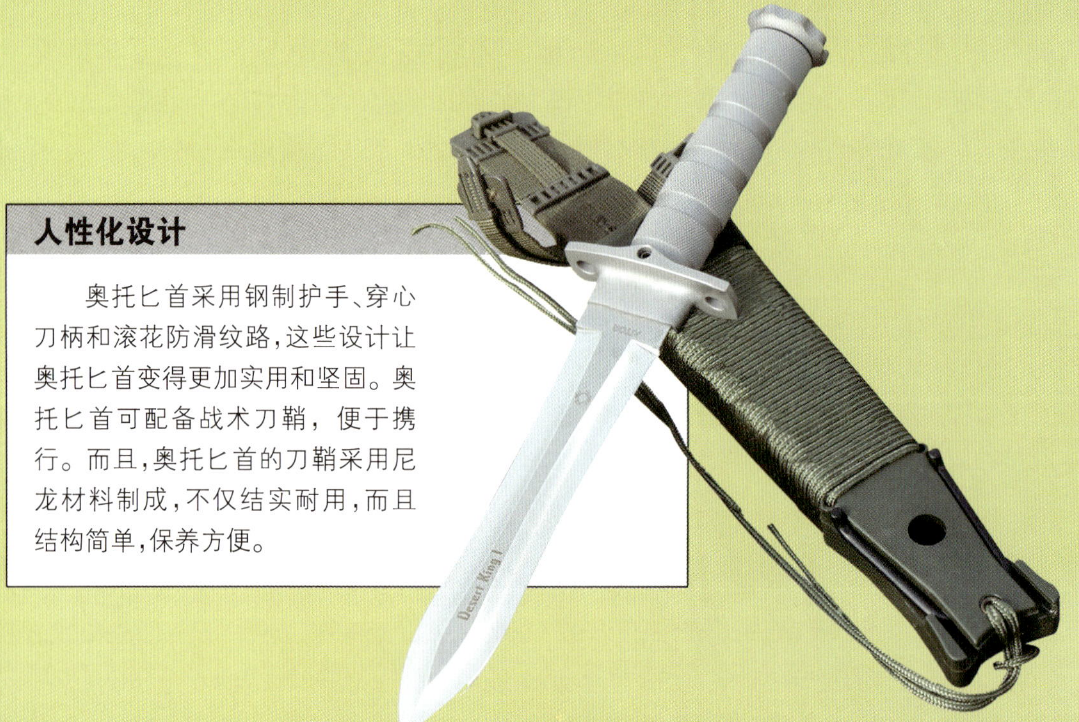

人性化设计

奥托匕首采用钢制护手、穿心刀柄和滚花防滑纹路，这些设计让奥托匕首变得更加实用和坚固。奥托匕首可配备战术刀鞘，便于携行。而且，奥托匕首的刀鞘采用尼龙材料制成，不仅结实耐用，而且结构简单，保养方便。

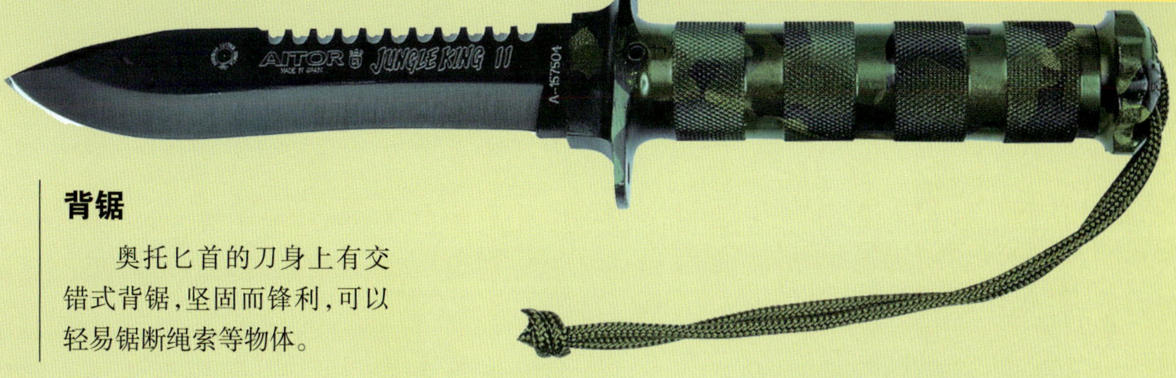

背锯

奥托匕首的刀身上有交错式背锯，坚固而锋利，可以轻易锯断绳索等物体。

生产和使用

奥托匕首全都在西班牙基地生产，使用者遍及世界上五十多个国家和地区。

丛林王系列匕首

奥托匕首中的丛林王系列匕首是奥托公司的主打产品，目前是很多国家军警部门的制式装备。

夜魔 911 匕首(致敬版)基本数据

全长:360 毫米

刃长:223 毫米

刃材:7Cr13 不锈钢

重量:600 克

工艺:表面镀钛

品质:锋利强悍、威力巨大

夜魔匕首

夜魔匕首被美国政府机构视为最佳刀具,被推崇为“最具杀伤力的战术刀具武器”。夜魔匕首是根据全天候作战需要设计的,在不同的环境中夜魔匕首均有出色的表现,可协助使用者完成不同的任务。就像它的名字一样,夜魔匕首是一把令人胆寒的武器。夜魔匕首的刀刃厚度几乎是其他同类匕首的两倍,这使它具备了超强的攻击力,独特的打磨和抛光技术,给夜魔匕首带来了无与伦比的锋利度,这样强悍的外表下掩藏着无尽的杀机,具有如此高性能的夜魔匕首足可以刺穿单兵防弹系统甚至是战斗机的外壳。

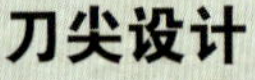

刀尖设计

夜魔匕首的刀尖并不是弧形的,而是呈几何形状,这样的刀尖虽不擅长切割,但是穿刺能力极强。

刃材

夜魔匕首的刀身采用外科手术级高锋利不锈钢制造,既保证了刀刃的强度,又提高了刀刃的锋利程度。

刀柄设计

夜魔匕首的刀柄镶嵌了高科技石英防滑颗粒，握持舒适、牢固。

英雄本色

作为防身武器出现在战场上的夜魔匕首，是士兵生命的坚固防线。

刀背锯齿

夜魔匕首的刀背锯齿造就了夜魔匕首摄人心魄的强大杀气，这一排锯齿就好像鲨鱼的牙齿一样，被它“咬”中的东西，恐怕无论如何也无法“全身而退”。

克里斯里夫－致命复仇匕首基本数据
全长:355 毫米
刃长:180 毫米
刃材:5Cr15 不锈钢
重量:760 克
工艺:表面镀钛
品质:强劲、耐用

克里斯里夫匕首

克里斯里夫刀具公司的创办者和设计师是手工刀界呼声最高的制刀大师克里斯里夫。出自克里斯里夫之手的匕首，锋利而耐用，最重要的是，克里斯里夫匕首的高贵品质和恒久价值让喜爱刀具的人们对它青睐有加。

一直到今天，克里斯里夫刀具公司仍然坚持小规模生产。设计师们把所有的心血全部倾注到刀具的设计中，他们坚信精心打造的手工刀才是高品质的象征，也只有独一无二的手工刀才是尊贵顾客的首选。

高品质服务

克里斯里夫刀具公司为产品提供终身免费维修的服务，无论产品卖出多久，设计师都会为使用者重新打磨刀具，并做表面处理，这使克里斯里夫匕首享誉全球。

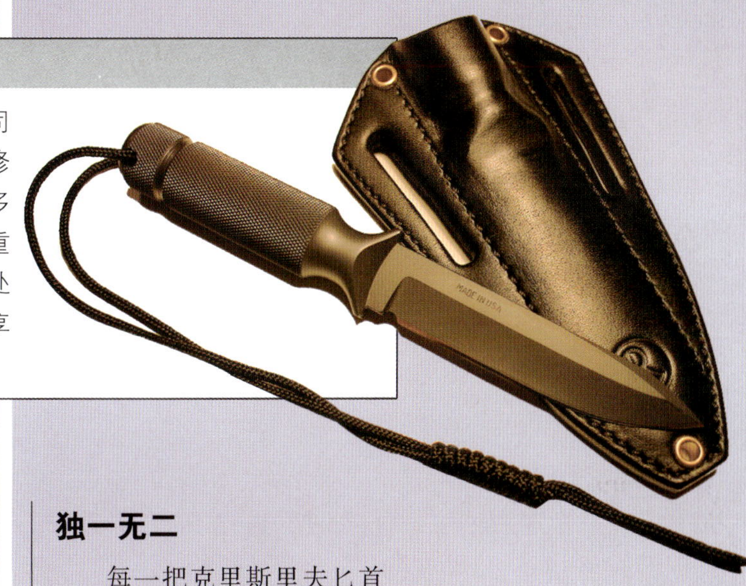

独一无二

每一把克里斯里夫匕首都是设计师心血的结晶，纯手工打造是其独一无二的象征。

品质保证

出厂前的严格检测和测试，保证了克里斯里夫匕首的高品质。

卡美卢斯 –BK6 匕首基本数据

全长：490 毫米

刃长：340 毫米

刃材：420A 不锈钢

重量：780 克（带尼龙刀鞘）

工艺：镜光

品质：劈砍有力、震慑力十足

卡美卢斯匕首

卡美卢斯刀具公司是美国历史悠久的刀具生产商之一，长久以来，卡美卢斯刀具公司一直以生产优质匕首闻名世界。当卡美卢斯刀具公司开始自产自销的时候，第一次世界大战爆发，卡美卢斯匕首被投入到了战争中，装备美军及其盟军，成为值得信赖的近战武器。第二次世界大战爆发后，卡美卢斯匕首再显神威，总共有超过 1 500 万把卡美卢斯匕首装备各国军队，成为第二次世界大战中的近战先锋。如今，卡美卢斯匕首是美国军队配备的主要军刀，比卡巴匕首的装备范围更广，而其性能也得到了军方的一致肯定。

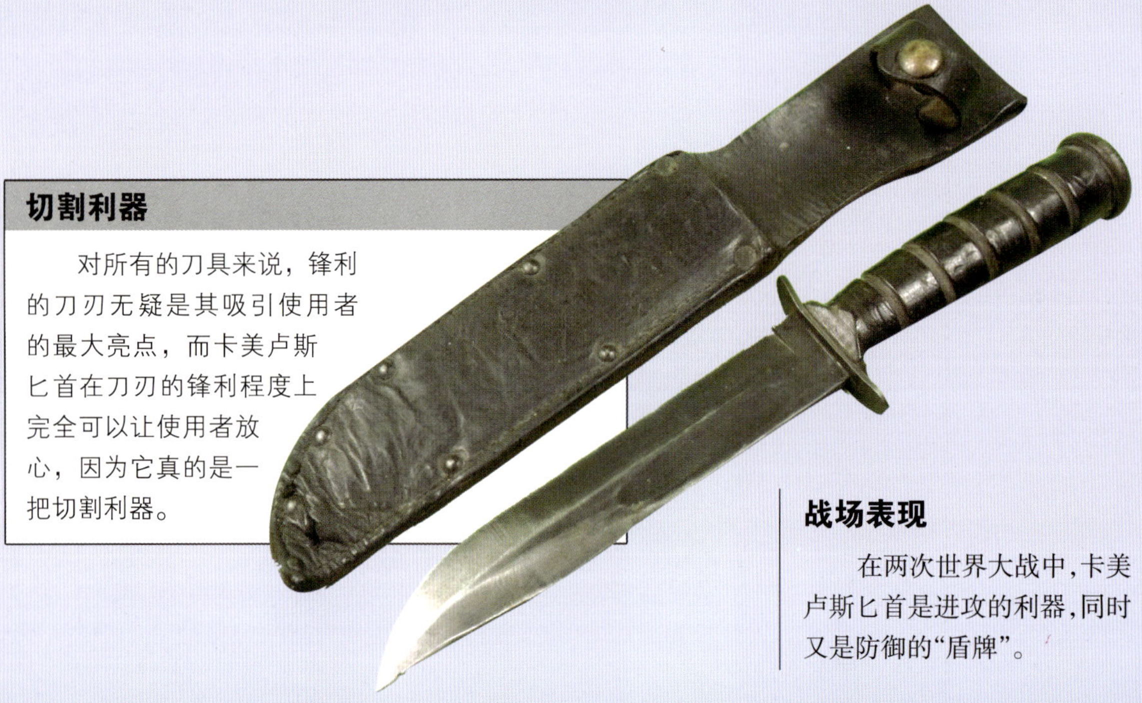

切割利器

对所有的刀具来说，锋利的刀刃无疑是其吸引使用者的最大亮点，而卡美卢斯匕首在刀刃的锋利程度上完全可以让使用者放心，因为它真的是一把切割利器。

战场表现

在两次世界大战中，卡美卢斯匕首是进攻的利器，同时又是防御的“盾牌”。

CAMILLUS
CARBONITRIDE TITANIUM
CAMILLUS
CARBONITRIDE TITANIUM
CRYOEDGE
CAMILLUS
CARBONITRIDE TITANIUM
CAMILLUS
CARBONITRIDE TITANIUM

博克－小直刀基本数据

全长:127 毫米

刃长:60 毫米

刃材:7Cr17 钢材

重量:120 克

工艺:鹿角刀柄＋镜光处理

品质:精致小巧、锋利耐用

博克匕首

德国博克公司是世界上最知名的冷兵器制造商之一，该公司主要生产高价值的刀具产品,一直遵循“质量和服务重于一切”的设计理念,其产品设计新颖,质量上乘,再加上与同等质量的产品相比价格较为合理,因而更容易让大众接受。博克公司在刀具设计与材料选择方面也做出了创新性的贡献。博克刀具从设计、开发到生产都是通过高质量的合作来完成的。除了依靠制刀师独一无二的手工技艺外,博克公司还将计算机技术运用到刀具的设计与加工中，为刀具的质量提供了恒久的保证。

经典之作

博克匕首融合了当今制刀界的先进锻造技艺和设计理念,堪称经典。

品质的象征

博克匕首不仅外形优美，而且锋利无比，精细而又充满艺术气息的设计吸引了全世界的刀具爱好者。

收藏品

对很多刀迷来说，博克匕首是让人爱不释手的收藏佳品。

隐身刺客——折刀

Socom Elite M/A
Satin Serrated
160-5
WWW.PVK.COM EST 1994
MICROTECH

冷钢－拳套折刀基本数据

全长:205 毫米

刃长:80 毫米

刃材:420 不锈钢

重量:180 克

工艺:黑色氧化物涂层

品质:助力开刀、锋利实用

冷钢折刀

作为美国老牌刀具生产公司，冷钢制造出了“像直刀一样坚固的折刀”。冷钢折刀不仅仅是适合户外携带的刀具,更是一把日常生活中的“好帮手”。冷钢折刀的刀刃采用高级钢材锻造，刃口锋利而且具有较强的耐磨性,其刀刃甚至可以当作剃须刀使用,足见其锋利程度,而手柄的设计则突出坚固性和可靠性。

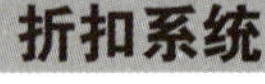

折扣系统

冷钢刀具公司非常注重折刀的折扣系统，因为折扣系统直接关系到折刀的可靠性，冷钢通过研制坚固的折扣系统保证折刀的可靠性和安全性。

整体结构

冷钢折刀的刀身和刀柄全部是优质钢材经数控机床加工而成，整刀结构紧凑、坚固耐用、开合顺畅。

蜘蛛 –278 折刀基本数据

全长：235 毫米

刃长：105 毫米

刃材：5Cr13 钢材

重量：210 克

工艺：表面氧化物处理

品质：开刀迅速、刃口锋利

蜘蛛折刀

每一个刀具爱好者都希望拥有一把称心如意的刀具。当然对于他们来说，断定什么刀是最好的是非常困难的，但是每一个刀具爱好者在接触了蜘蛛折刀后，都会因为它优异的品质、良好的声誉、独特的风格、精巧的结构设计、优良的售后服务而在不知不觉中爱上它。可以说，每一把蜘蛛折刀都凝聚了蜘蛛公司设计人员的辛勤努力，每一个拥有蜘蛛折刀的人都会在实际操作中感受到蜘蛛折刀优良的品质。蜘蛛折刀不仅让使用者欣喜，其强悍、霸气的犀利外形更是令对手望而生畏。

刀柄

蜘蛛折刀的刀柄多由树脂材料、不锈钢、复合钢和碳纤维等材料制成，握持舒适，牢固耐用。

开刀孔

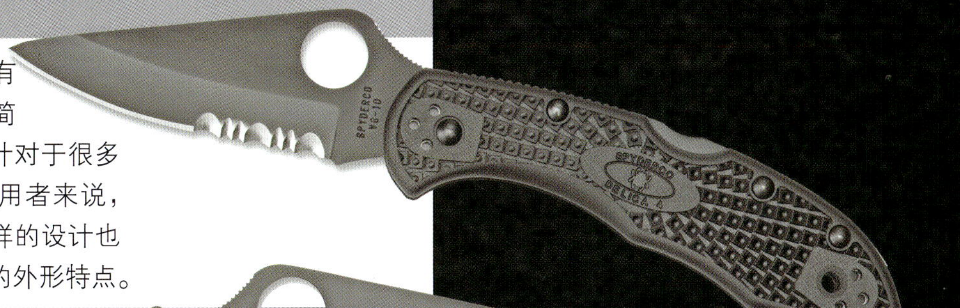

蜘蛛折刀都设计有独特的圆形开刀孔，简单而实用，这样的设计对于很多热衷于单手开刀的使用者来说，是非常贴心的，而这样的设计也成为了蜘蛛折刀最大的外形特点。

微技术-324 折刀基本数据

全长:165 毫米

刃长:70 毫米

刃材:3Cr13 钢材

重量:100 克

工艺:表面镀钛

品质:小巧轻便、性能可靠

微技术折刀

在美国说起折刀,人们会不约而同地想到一个传奇的名字,那就是美国微技术。2000年,微技术公司的全自动刀具问世,市场反响和评价都非常好。锐意创新使微技术折刀的销售业绩在众多品牌的折刀中遥遥领先。

微技术刀具公司因可靠的折刀著称于世,微技术折刀特殊的开启方式和锁定方式,使它成为了世界上最精密的自动开启刀具。而结合手动和自动双开式的独特设计概念不只是对精密结构的挑战,更是微技术折刀一再创新的具体实践。微技术折刀卓越而臻至完美的表现,让人无可挑剔。

刀身设计

微技术折刀的刀身经过特殊锻造,硬度很高,刃口锋利,攻击能力非常强。

结构特点

微技术折刀的结构紧凑，而且刀体内部结构精密，这不仅保证了微技术折刀的可靠性，更将微技术的制刀工艺完美地展现出来。

人性化设计

微技术折刀在设计上最突出的一点就是刀刃两面都有开刀拇指螺栓，可分别支持左手和右手开刀，简单而实用的设计提高了折刀的自动化，出刀快而轻，操作性更强。

爱默生－指挥官折刀基本数据
全长：220 毫米
刃长 90 毫米
刃材：440 不锈钢
重量：240 克
工艺：表面黑钛处理
品质：出刀迅速、凶猛强悍

爱默生折刀

男人对刀的热情仿佛与生俱来，从茹毛饮血的远古先民，到现代银幕上的铮铮铁汉，道道寒光穿越时空，直逼人心，令人血脉喷张，激情飞扬。美国的爱默生折刀犹如铁汉史泰龙，冷峻威猛。爱默生是世界上顶尖的刀匠之一，曾做过太空工程师及机械师的他有相当丰富的金属知识，而习武的经验使他深知不同使用者需要什么样的折刀，所以，他设计的刀具实用性很高，一直是世界特种精锐部队的最佳选择。无论是山区雨林，还是冰风雪暴，爱默生折刀都能应付，并将危机化为转机，帮助使用者顺利完成任务。

设计特点

爱默生折刀外形粗犷、风格豪放、野性十足，而且气势逼人。

品质超群

爱默生折刀不仅刀刃锋利，而且握把安全可靠，可以承受巨大的重力、阻挡超强的电压，并能够抵挡强酸、强碱和各种有机溶剂的侵蚀。

品质

爱默生折刀犹如初生牛犊一般，毫无畏惧，所向披靡，而就是这样一种豪情，征服了所有钟情于爱默生折刀的刀迷。

傲视群雄

无论身处何种艰难境地，爱默生折刀依旧可以凭借稳定性和可靠性出色地完成任务。

收藏价值

爱默生折刀毫不内敛的霸气非常吸引人，该刀也因此成为收藏佳品。

哨格 – 火龙折刀基本数据
全长:212 毫米
刃长:85 毫米
刃材:440 不锈钢
重量:200 克
工艺:表面镀钛
品质:握持牢固、性能可靠

哨格折刀

如果说在所有刀具中只有少数品牌刀具能成为王者的话,那么,哨格折刀将当之无愧地成为王冠上那颗最亮的钻石。首席设计师的专利发明和独特的设计风格使哨格折刀深受喜爱。

哨格是专门生产军用刀而被世界各国所推崇的品牌，哨格刀具公司可谓是刀具制造界的圈中老手,在长期的生产中积累了丰富的实践经验,美国的特种部队甚至会委托哨格公司专门为战士们量身打造各式刀具。

设计主题

战术和实际应用是哨格折刀的设计主题，而这一主题在哨格超视距折刀中表现得尤为明显。哨格超视距折刀的刀刃经过镀钛处理，功能性强；表面有鲨齿状锯齿，结构巧妙；刀锁有迅速、安全、耐用的优点。

刀柄

哨格折刀的刀柄都经过特殊的强化处理，而且有防滑设计，抓握方便。

锋利的刀刃

哨格折刀的刀刃非常锋利，而且长时间使用后的钝化现象也不明显。

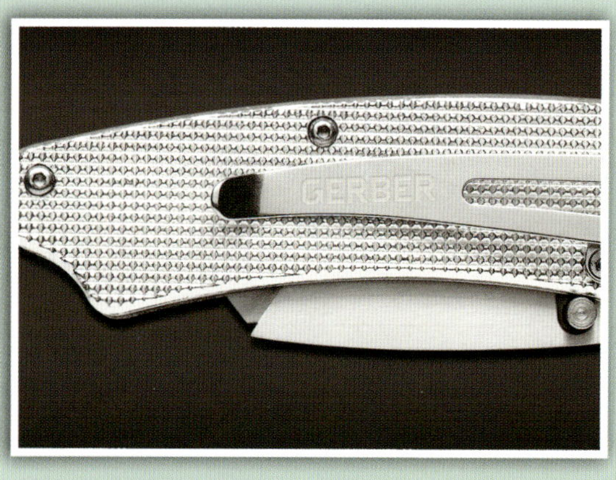

戈博 -D8 折刀基本数据
全长:200 毫米
刃长:85 毫米
刃材:420J2 钢材
重量:120 克
工艺:表面黑色氧化物处理
品质:重量轻、强度高

戈博折刀

不同款的戈博折刀象征着不同身份。例如，戈博的E-ZOUT折刀像一个打杂的小厮,最拿手的是干杂活;戈博的非霸折刀像一个力气较大的管家,适合干脏活、累活;而戈博的鳄鱼折刀则像是一个刺客兼保镖，它散发出的杀气足以让人震撼……戈博刀具公司对所有戈博产品都提供终身担保。购买戈博刀具的人们,不只是买了一把坚固耐用的刀,更是拥有了一个传奇。

结构设计

不锈钢核心结构,给戈博折刀带来了可靠的使用性能和值得信赖的坚固性,而且这种结构还能保护折刀的内部结构,延长折刀的使用寿命。

滚砂处理

部分型号戈博折刀采用滚砂处理，可提高刀身的坚固性和刀刃的锋利程度。

贴心设计

戈博匕首的枢轴松紧程度可调，可以给使用者带来最佳的使用效果。

蝴蝶 –904 折刀基本数据
全长:232 毫米
刃长:100 毫米
刃材:440 不锈钢
重量:250 克
工艺:表面黑色处理
品质:锁扣坚固、刃口锋利

蝴蝶折刀

初听“蝴蝶”,很难将这个名字与刀具联系在一起。试想,风韵弥醇和刀光剑影又会是怎样完美的组合?蝴蝶折刀的完美不仅仅来自于精美、独特和高贵,更在于它的持久、耐用和延续。最初,蝴蝶刀的名字取自菲律宾一个叫 Balisung 的小镇。Balisung 意为裂开的角刀,之所以取这个名字是因为早期蝴蝶刀的刀柄是用动物的角雕刻而成的。除了字面的含义,蝴蝶折刀还有许多其他的含义:完全闭合时,蝴蝶折刀象征着“peace(和平)”;半开时,蝴蝶折刀表示祖先的三个地理区域;完全打开时,蝴蝶折刀象征着“combat(战斗)”。

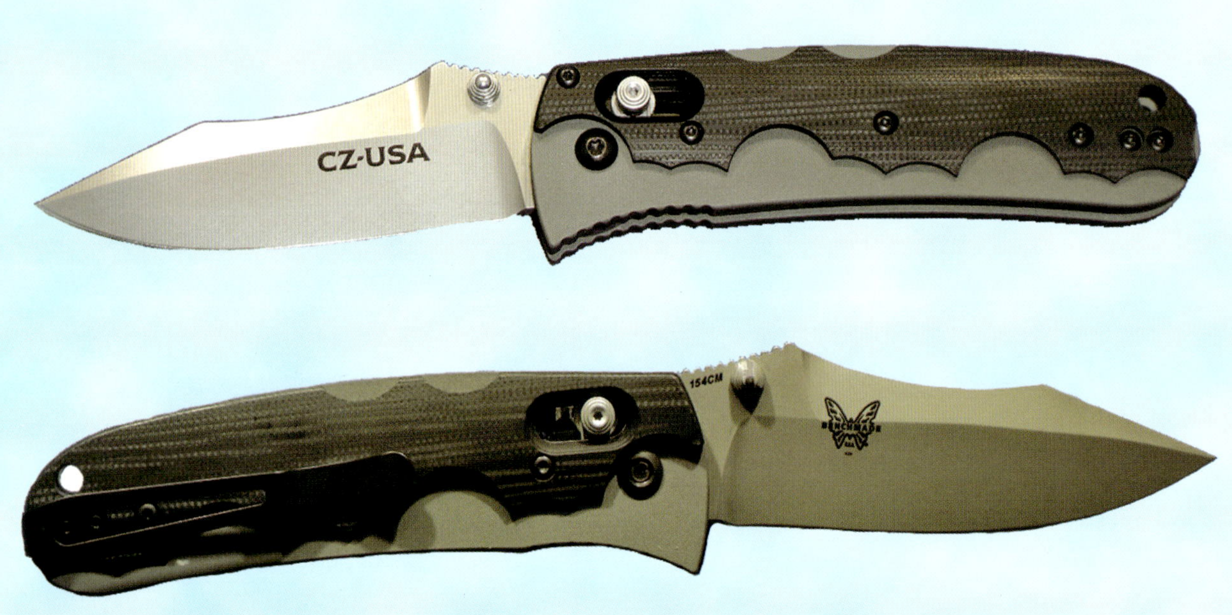

精益求精

蝴蝶刀具公司秉承精益求精的设计理念，采用先进的加工工艺制造每一把蝴蝶折刀，保证蝴蝶折刀的坚固耐用。蝴蝶折刀也因此经久不衰，代代流传。

设计风格

蝴蝶折刀饱含设计人员的独特创意，可谓狂野而豪放，简约中不失名家风范。

刀身处理

蝴蝶折刀的刀身经过回火、磨削和锻造才最终成型，每一个环节都是蝴蝶刀具公司对品质的保证。

防御大师－黑鹰折刀基本数据

全长:240 毫米

刃长:95 毫米

刃材:154CM 钢材

重量:210 克

工艺:表面黑色氧化物涂层

品质:外观霸气、威猛强悍

MOD 防御大师折刀

MOD 防御大师折刀是一种特殊的战术用刀,其刀刃选用特殊材质,制造工艺精良,在刀具世界中享有盛誉。MOD 防御大师刀具公司设计生产的折刀可称得上是刀具界的经典之作,其独到的设计和专业的性能都是其他折刀无法比拟的。防御大师折刀之所以广受好评,是因为设计者考虑到了使用者不同的需要,因而对产品进行了差别性设计,每个型号的折刀都有锻面、珠光和新的黑碳钛氮化物涂层三种表面处理方式,并且部分折刀还分为锯齿和平刃两种开刃方式。

攻击能力突出

防御大师折刀的刀尖异常锋利,具有非常强大的刺击能力,而弧形刀刃则具有很强的劈砍能力,同时,刀刃末端的锯齿刃锋利得几乎可以锯断任何物体。无论是谁,看到一个手握防御大师折刀的敌人,都会畏惧三分。

整体结构

防御大师折刀的结构合理，坚固而实用，其可靠性能更是堪比直刀。

产地

所有防御大师折刀都在美国总部生产，品质值得信赖。

精确加工

防御大师折刀制造工序均由计算机控制完成，最大误差仅为人头发直径的 1/30。

设计优势

防御大师折刀的刀身和刀柄设计协调，华丽的外形虽然是防御大师设计最突出的地方，但可靠的性能更是其优势所在。

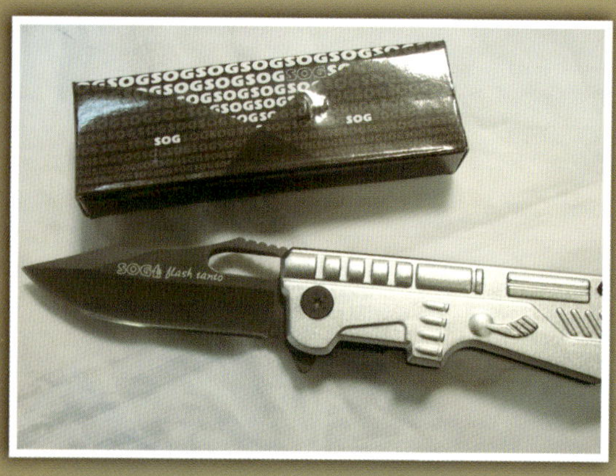

夜魔大折刀(迷彩版)基本数据

全长:265 毫米

刃长:115 毫米

刃材:440 不锈钢

重量:260 克

工艺:刀刃镀黑钛、刀柄覆迷彩

品质:牢固耐用、异常锋利

夜魔折刀

夜魔,一个霸气外露的名字,在装备夜魔刀具的美国特种部队中，夜魔已经不仅仅是一种刀具的名字,更是一种战斗力的象征。而人们也对夜魔折刀的优良性能和在危机时刻的出色表现给予了充分的肯定。每一个拥有夜魔折刀的人,都会为它厚重的刀身和牢靠的锁定机构折服，而夜魔折刀在部队中的表现也确实可圈可点。

刀刃处理

夜魔折刀的刀刃经过特殊的磨砂处理，野外作战中不会因反光而暴露使用者的位置。

地位

对于全世界热爱折刀的人来说,“夜魔”一定是一个并不陌生的名称，夜魔折刀冷峻而威严，甚至带着些许恐怖的气息，它曾是战场上的“悍将”,如今又是世界刀迷心中的神话。

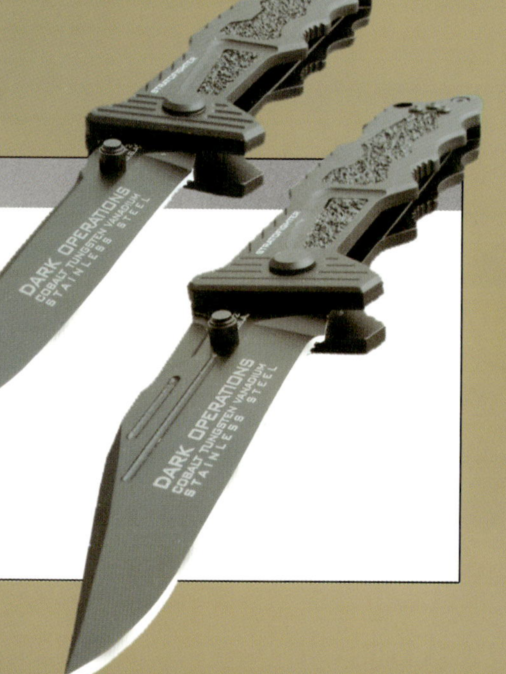

贴身卫士

对于特战队员来说，夜魔折刀是性能可靠、值得信赖的贴身卫士。

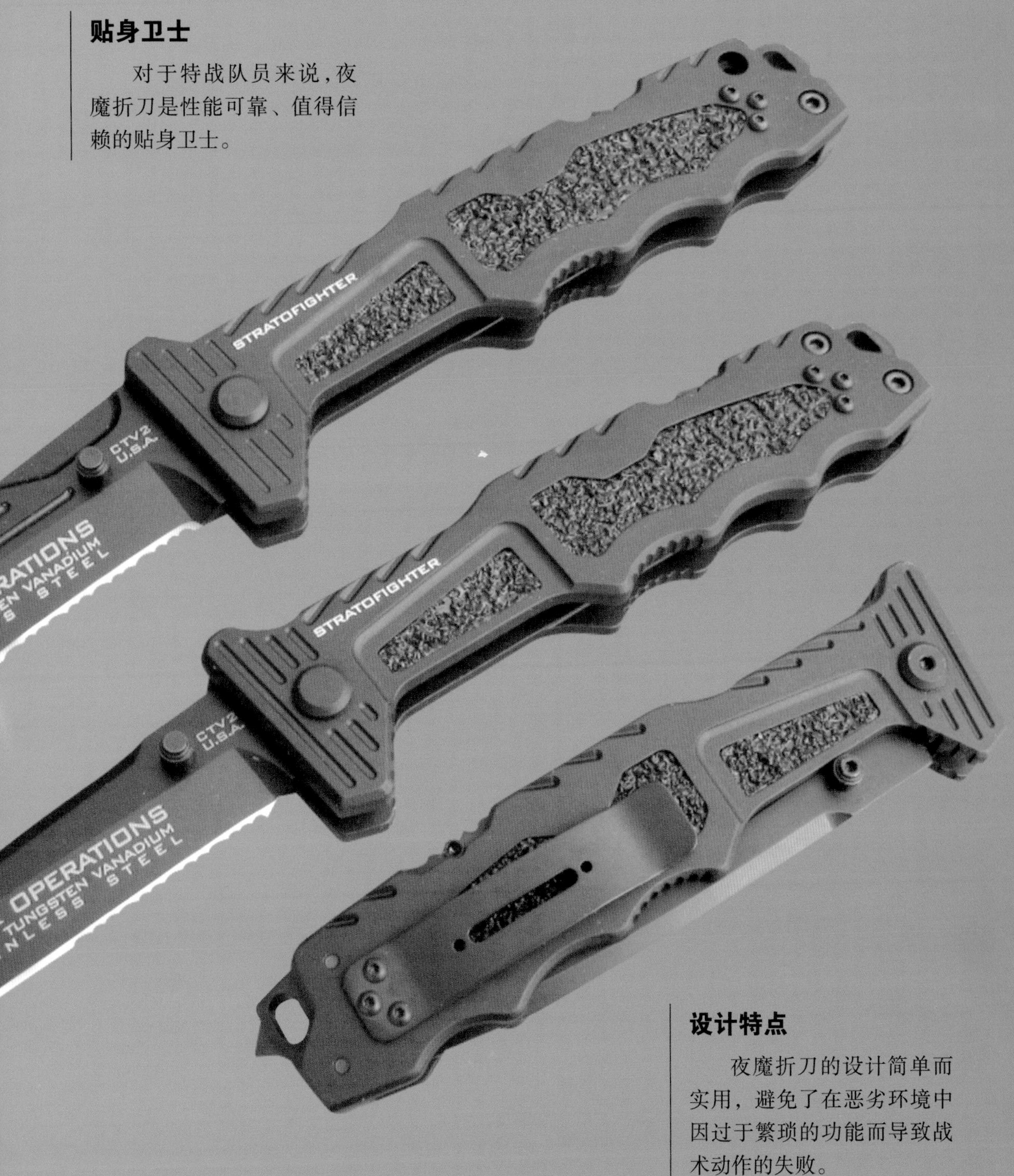

设计特点

夜魔折刀的设计简单而实用，避免了在恶劣环境中因过于繁琐的功能而导致战术动作的失败。

克里斯里夫－孔雀折刀(雕花版)基本数据
全长:200 毫米
刃长:85 毫米
刃材:440 不锈钢
重量:240 克
工艺:雕花＋彩钛
品质:安全可靠,坚固耐用

克里斯里夫折刀

克里斯里夫刀具公司注重刀的品质、实践表现和收藏价值。克里斯里夫刀具都非常强劲耐用,经过广泛测试后才会出厂。每把刀具都有独特的设计,采用顶级质量的钢材,用手工方法精工细作制造而成。多年来,克里斯里夫刀具公司始终坚持着小规模生产,公司对刀具的关怀不仅仅在于生产和销售,更在于售后服务。克里斯里夫折刀终身免费保修的制度使得顾客能够放心地使用,不管折刀用过了多久,克里斯里夫公司都会为使用者重新打磨刀具,使刀具常年如新,丝毫不影响其收藏价值。

独特的刀柄

克里斯里夫折刀刀柄上的花纹让整个折刀看起来独具风格。

Sebenza 折刀

Sebenza 折刀无疑是克里斯里夫折刀中的佼佼者,这款折刀是一款边锁折刀,并以这种独特的锁定装置而闻名于世,而这一边锁技术也是克里斯里夫公司的首创。

坚固耐用

克里斯里夫折刀的刀身和闭锁结构设计十分精巧，能够经受长时间的使用。

刀刃处理

克里斯里夫折刀的刀刃经过特殊的石洗工艺处理，品质优良，锋利无比。

品质保证

克里斯里夫折刀为全金属制作，结实耐用，更重要的是克里斯里夫折刀可单手开合，操作简单。

独狼 –B012 折刀基本数据

全长：155 毫米

刃长：60 毫米

刃材：440 不锈钢

重量：40 克

工艺：表面黑色虎纹

品质：小巧精悍、性能出色

独狼折刀

一把精炼的刀必须能在任何环境下发挥功能而不只是好看，独狼折刀正是这样的精品之作。精心的设计、材料的选用、锻造的过程无一不经过独狼刀具公司的严格把关，这也是独狼折刀深受人们喜爱的重要原因。

独狼折刀中有一套名为保罗的系列折刀，这是著名设计师保罗·波哈曼为独狼刀具公司设计的，这一系列折刀几乎全部采用特殊的轴心锁定机械装置，这种前所未见的折刀锁扣方式无论开启或闭合，都非常顺畅，便于操作，而且非常安全，最适合应用在绅士型的小折刀上。

锋利的刀刃

独狼折刀的刀刃前端非常尖锐，非常适于刺击，这赋予了独狼折刀强大的攻击能力。

销售业绩

市场需求的实际数据永远是产品实力的有力证明，在世界刀具市场上，独狼折刀用事实证明了这一点，因为在多年的销售过程中，独狼折刀一直都是市场上的宠儿。

强悍的独狼

独狼折刀真的犹如一匹独狼，虽然单枪匹马，但依然会给它的猎物造成非常大的威胁。

极端武力－复仇女神折刀基本数据
全长：260 毫米
刃长：110 毫米
刃材：440C 不锈钢
重量：220 克
工艺：黑钛涂层
品质：安全可靠、值得信赖

极端武力折刀

“极端武力”这个名字听起来就充满了格斗与战争的味道，我们大概能从名字猜到这个公司是做战刀的。的确，极端武力是意大利一家年轻的刀具公司，专门为军方开发、研制和生产军用工具，而它们生产的极端武力折刀更是名扬世界。

意大利极端武力折刀充分体现了军用刀具的冷酷，并且其制作精良，用料考究，每一把折刀都兼具灵性和杀气。极端武力折刀刀锋全部采用计算机监控打磨，一改以往战术折刀粗糙的形象，刀刃线条丰满流畅，异常迷人。

刀柄设计

极端武力折刀的刀柄由全金属制成，刀柄与刀身连接紧密，整体牢固结实。

品质提升

经过时间的考验，作为军用刀具的极端武力折刀品质不断提升。

复仇女神

极端武力折刀中有一款名为复仇女神的战术折刀，它采用优质钢板经数控机床加工而成，结构紧密，开合柔顺。

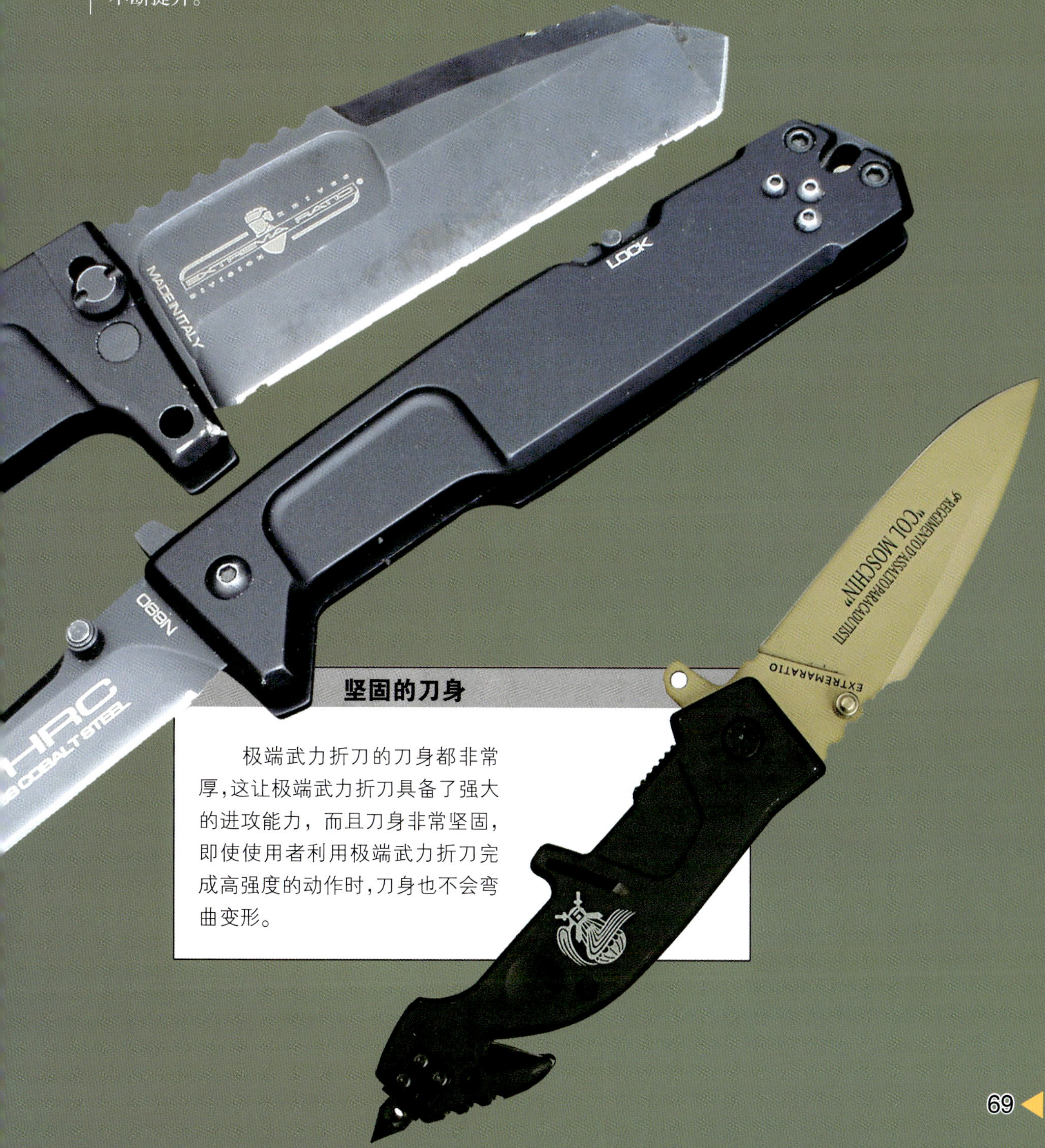

坚固的刀身

极端武力折刀的刀身都非常厚，这让极端武力折刀具备了强大的进攻能力，而且刀身非常坚固，即使使用者利用极端武力折刀完成高强度的动作时，刀身也不会弯曲变形。

博克－锐霸折刀基本数据
全长:230 毫米
刃长:99 毫米
刃材:440C 不锈钢
重量:170 克
工艺:表面防腐涂层
品质:做工精美、实用性强

博克折刀

日耳曼民族是一个以严谨著称的民族，德国武器也一样严谨、精密,并在世界武器史上自成一系,独领风骚。德国博克公司是有着一百三十多年历史的著名刀厂，该厂生产的折刀也很有特色，轻便坚固而又锋利无比。德国博克折刀的轻便性非常突出,折刀上设有快速开刀钮,方便于单手快速打开。其刀身经过特殊涂层处理,具有优秀的防腐蚀和反光隐蔽性能,在日常携带或使用时免去了维护和擦拭的繁琐程序，且使用性能优异,堪称战术专家用刀的最佳选择。

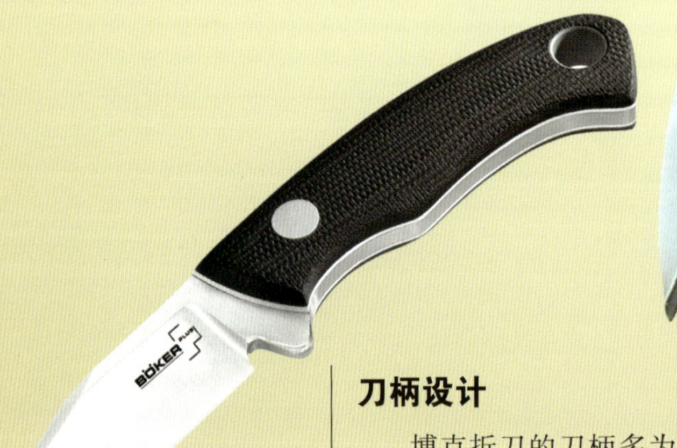

制造材料

博克折刀整刀由全钢制造，而且刀身与刀柄连接紧密,坚固耐用。

刀柄设计

博克折刀的刀柄多为弧形设计,握持舒适,而且非常牢固。

品质

博克折刀制造工艺精湛，形似弯月，精美而实用。

刀柄开孔

多数博克折刀刀柄末端有开孔，使用者可以用伞绳将折刀与手腕相连，保证折刀不会掉落。

特战精英

博克刀具公司为美国特种部队设计的小巧折刀短小精悍、可靠耐用，是攻击、救援和防身的得力“助手”。这一类折刀虽然外形小巧，但是却是博克刀具公司制刀技术的集大成者。

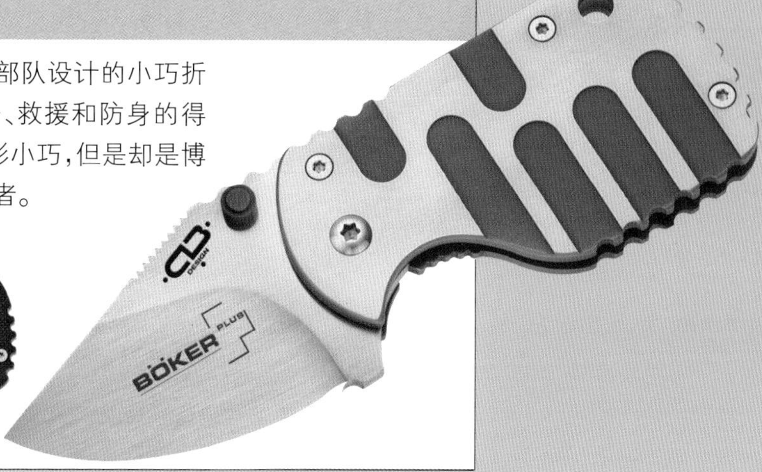

BÖKER SOLINGEN
GERMANY X-15 T.N.
BÖKER

铁血军魂——刺刀

M9 军用刺刀基本数据

全长:310 毫米

刃长:182 毫米

刃材:425M 钢材

重量:810 克

工艺:表面黑色涂层处理

品质:刀口锋利、耐磨损、抗腐蚀

美国军用刺刀

美国是世界第一军事大国,美国拥有的武装部队,是现今世界上总体实力最为强大的军队。美国的兵器也十分先进,其中美国的军用刺刀比世界其他各国的军用刺刀都更有看头。

1986 年,美军生产了 M9 刺刀。M9 刺刀刀身用不锈钢制造,经锻压加工,厚实坚固。刃口部位经局部热处理,非常锋利,能砍断树枝木棒、切割绳索。刀鞘上装有一块磨刀石,刀鞘末端还有螺丝刀刃口,可作改锥使用。M9 式刺刀因锋利的刀刃和强大的刺击能力而被称为“铁血刺刀”。

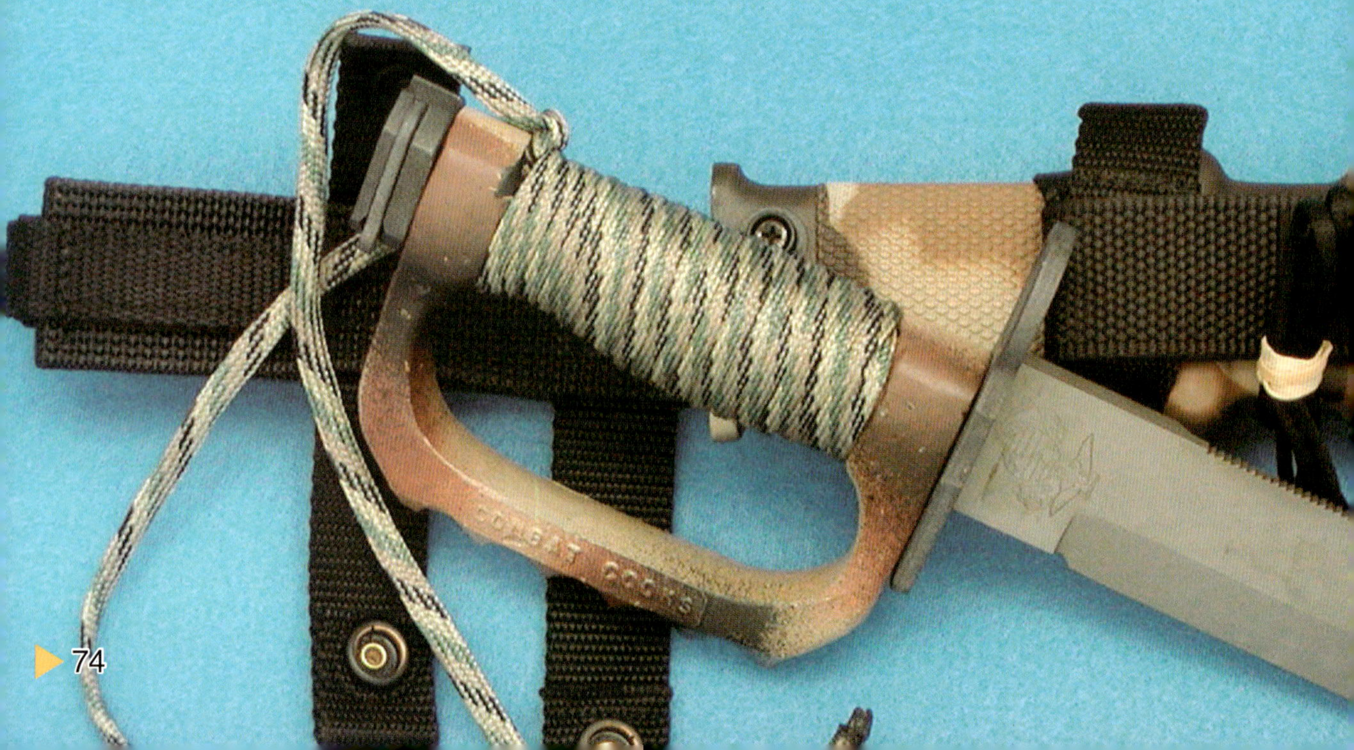

设计重点

由于战场环境复杂多变，所以军用刺刀的使用环境可以用恶劣来形容，美国军用刺刀在设计之初就十分注重刺刀的可靠性和刺击能力，在惨烈的肉搏战中，这样的设计重点将大大提高战士在近战中取胜的概率。

战术附件

美国的 M 系列军用刺刀配备多种战术附件，方便战士携带和保养刺刀。

涂层处理

美国军用刺刀多经过涂层处理，表面不反光，便于执行伏击任务。

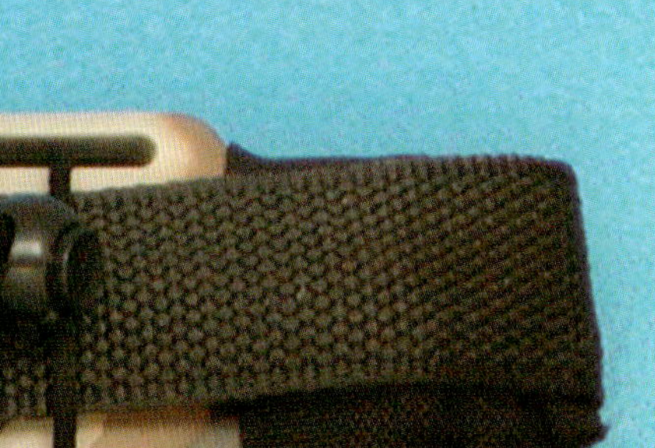

刀背锯齿

M9 刺刀刀背有较长一段锯齿，如果使用角度合理，能锯断飞机壳体或 50.8 毫米厚的松木板。

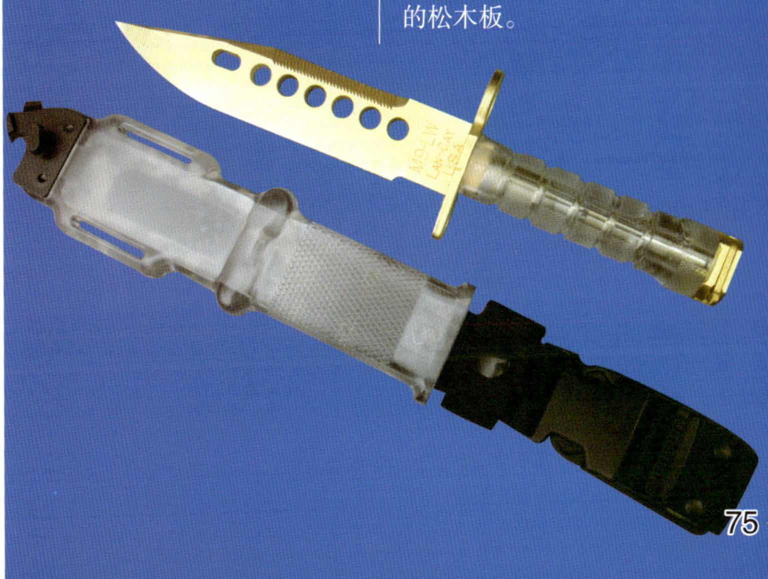

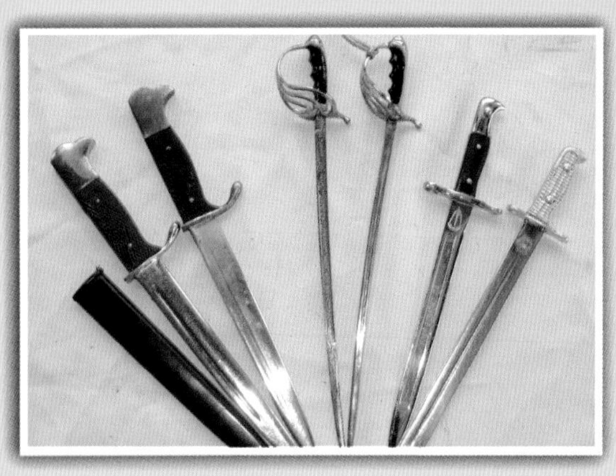

ACK 军用刺刀基本数据
全长:355 毫米
刃长:175 毫米
刃材:440A 高碳钢
重量:360 克
工艺:高温锻压
品质:坚固耐用、刀尖锐利

德国军用刺刀

如今，和平友好的德国只实施必要的安全防护措施，不掌握和谋求大规模杀伤性武器。但在历史上，德国却曾经挑起了两次世界大战，并在当时设计生产出杀伤力很强、凶狠无比的德国军用刺刀。德国刺刀中最著名的要数第一次世界大战期间德军所用的"屠夫"刺刀，它是德国在第一次世界大战中使用量最大的刺刀之一。"屠夫"是美军给它起的绰号，因为其外形类似一种当时屠夫使用的切肉刀。

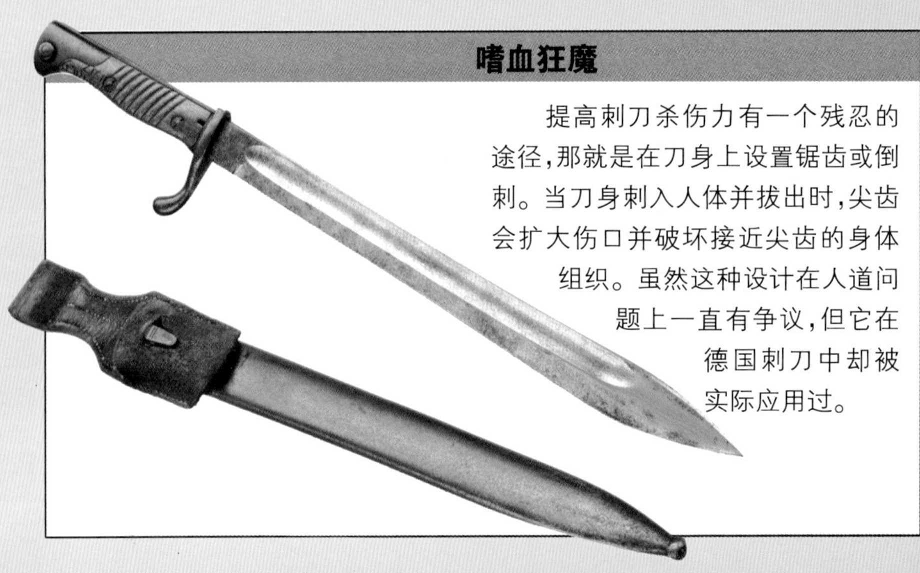

嗜血狂魔

提高刺刀杀伤力有一个残忍的途径，那就是在刀身上设置锯齿或倒刺。当刀身刺入人体并拔出时，尖齿会扩大伤口并破坏接近尖齿的身体组织。虽然这种设计在人道问题上一直有争议，但它在德国刺刀中却被实际应用过。

综合设计

德国刺刀结合了平实、坚固、方便等多种特性，以适应残酷的战场环境。

“支点”军用刺刀基本数据
全长:310 毫米
刃长:180 毫米
刃材:N690 钢材
重量:360 克
工艺:黑色阳极氧化涂层
品质:性能可靠、攻击力强

意大利军用刺刀

第一次世界大战是刺刀使用的鼎盛时期,当时步兵武器相对薄弱,刺刀作为一种重要的战术突击武器备受重视。意大利军用刺刀就是从那时发展起来的,其中,极端武力公司生产的“支点”刺刀是意大利军用刺刀中最典型的刺刀。意大利的“支点”刺刀较好地将多功能刀具和军用刺刀的特点结合在了一起,虽然这种组合并非首创,但“支点”刺刀却是做得最好的。将不同的功能结合在一起的“支点”刺刀表现出了一种均衡的力量之美,各部分的功能都能协调运作并完美发挥出来。

后起之秀

“支点”军用刺刀以优良的选料和先进的加工工艺著称,和当今世界上最著名的 M9 刺刀相比,“支点”军用刺刀在品质和性能上毫不逊色。

设计特点

意大利军用刺刀的刀身比一般的刺刀都要厚，这种设计有很多优点，当刺刀作为格斗刀使用的时候，性能更加可靠；当安装在枪支前端的时候，能刺、能挑，不易弯曲。

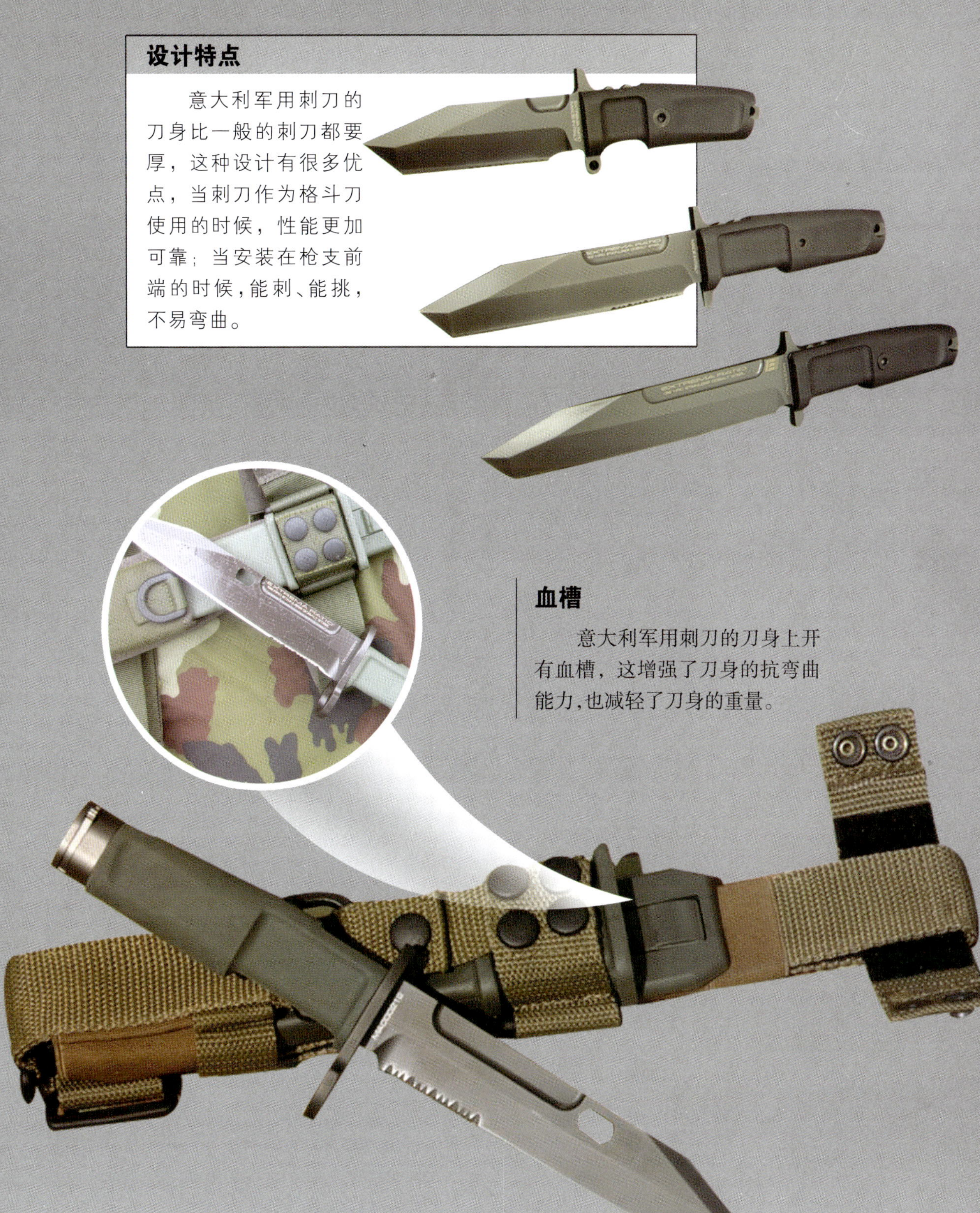

血槽

意大利军用刺刀的刀身上开有血槽，这增强了刀身的抗弯曲能力，也减轻了刀身的重量。

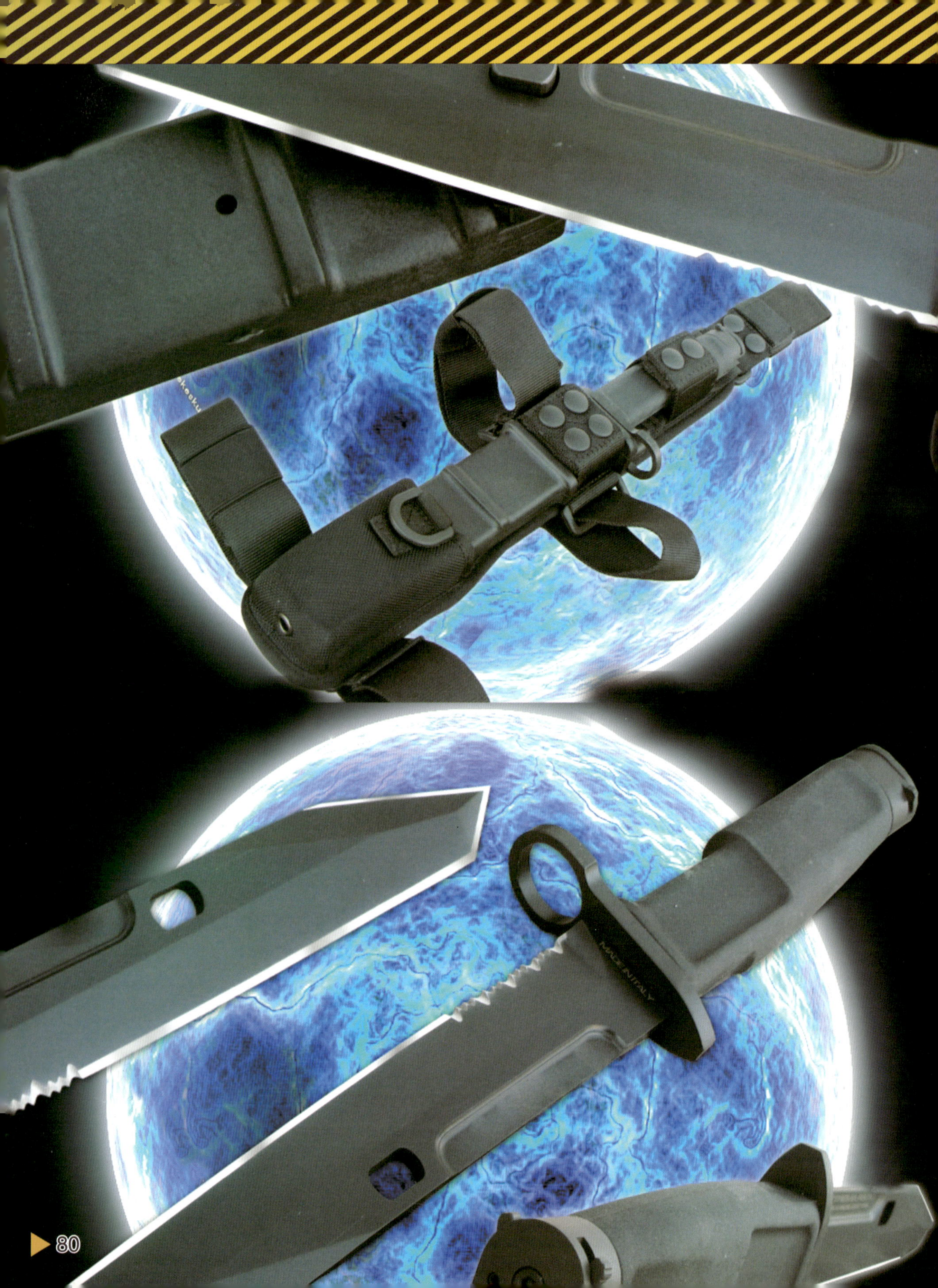
MADE IN ITALY

千古流芳——古刀剑

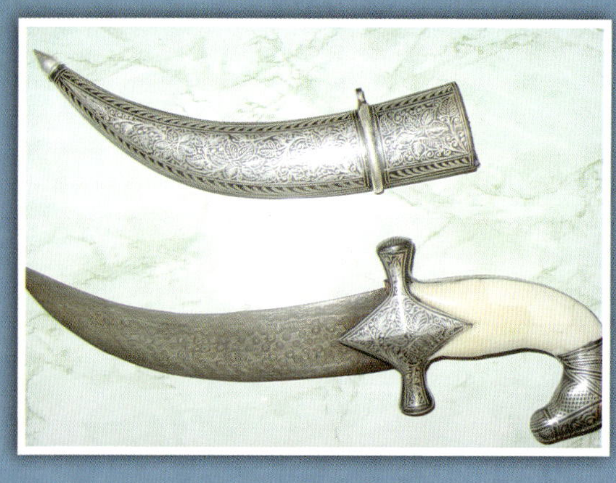

大马士革丛林刀基本数据
全长:197 毫米
刃长:85 毫米
刃材:乌兹钢
重量:125 克
工艺:纯手工锻打
品质:美观大方、刃口锋利

大马士革刀

大马士革刀有着上千年的历史,在古代,只有贵族才能拥有它。大马士革刀凭借优越的性能成为世界上最昂贵、最坚韧、最著名的刀具之一,同时它也是刀具收藏界的极品之一。大马士革刀完全由匠人手工打造,凝聚着匠人的灵性,精美而独特。它与生俱来的魔性花纹彰显着高贵的灵魂。古代的波斯人把它形容成像夜空中的繁星一样明亮。大马士革刀不易生锈,几百年下来,它不用像日本刀那样费心保养也能光亮如新。大马士革刀作为一种传奇性的刀剑得到了各界人士的喜爱,很多人都争相收藏。

尊贵的象征

大马士革刀的装饰非常华丽,刀鞘与刀柄上通常镶嵌玉石、象牙和珍珠等名贵装饰物。

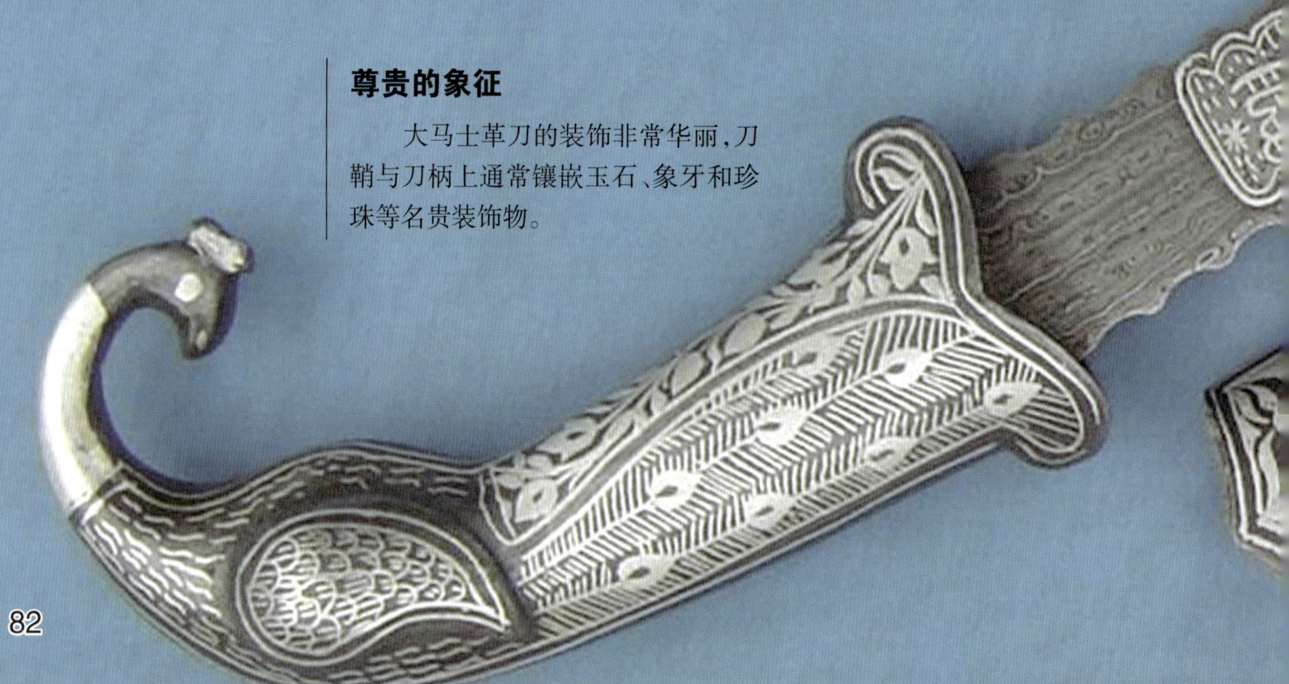

精致的刀鞘

大马士革刀的每一个细节都精致华丽，刀鞘一般为手工制作的牛皮鞘，也有装饰精美的镀银刀鞘。

花纹钢刀基本数据

全长:1 030 毫米

刃长:730 毫米

刃材:花纹钢

重量:1 500 克

工艺:古法手工打造

品质:精磨开刃、锋利耐用

日本刀

日本人善于模仿他人之长而得其精华,日本人曾不惜重金聘请外国的能工巧匠锻造兵器。在此过程中,日本人不仅学到了所有制刀的工艺,而且创造了一个世界刀剑史的神话。

日本刀的每道工序都力求完美。每把日本刀的磨石都是专用的,每一道工序都需要至少一块以上的磨石。日本刀的刀身并不是一块钢,而是由上千层薄如蝉翼而又紧密咬合的钢片组成的。

如今,日本刀的传统制造技艺已经失传。现在生产的日本刀只能称为复古日本刀,而不是真正意义上的古代名刀。

世界名刀

精湛工艺打造出来的充满美感的日本刀在全世界享誉盛名。

优异性能

日本刀的韧性很好,在劈砍中能够化解敌人的力道,避免使用者震伤手腕。

刀鞘

日本刀配备制作精良的刀鞘，便于携带和保护刀刃。

弧度

日本刀的刀身具有较小的弧度，非常适合步战。

诞生过程

在古代，每一把日本刀的诞生都是刀匠智慧、心血与汗水的结晶，刀匠的每一次锻打都是对刀品质的一次提升，在融入自己制刀心得的过程中，刀匠也赋予了日本刀灵魂。在锻打过程中，刀匠会加入一些秘制粉末，经过反复锤炼，将制刀原料变成既韧又硬的合金钢。

越王勾践剑基本数据

全长:557 毫米

刃长:473 毫米

刃材:铜与锡的合金

重量:875 克

工艺:剑身表面抛光

品质:制作精美、坚固锋利

中国刀剑

当许多国家的兵器还很粗糙的时候，中国一大批能工巧匠就以其巧夺天工的精湛技艺,制造出许多千古闻名的宝剑,如湛卢、龙渊、太阿等。它们出神入化,为世人所称道,堪称世界刀剑的鼻祖。刀和剑都是中国古代的兵器,但它们又不仅仅是兵器,更发展成为了一种文化。汉朝时,自天子至百官无不佩刀,佩刀代表了达官贵族的身份等级。剑在唐朝时最为繁盛,不仅被文人墨客视为饰物,更成为了道士们手中的武器。

天下第一剑

越王勾践剑可谓是国宝级的文物，是中国冷兵器时代的典型代表之一,享有"天下第一剑"的美誉,而这把古剑也不愧于这个美誉。越王勾践剑在地下埋藏了两千多年居然毫无锈蚀,依然闪烁着炫目的青光,寒气逼人。

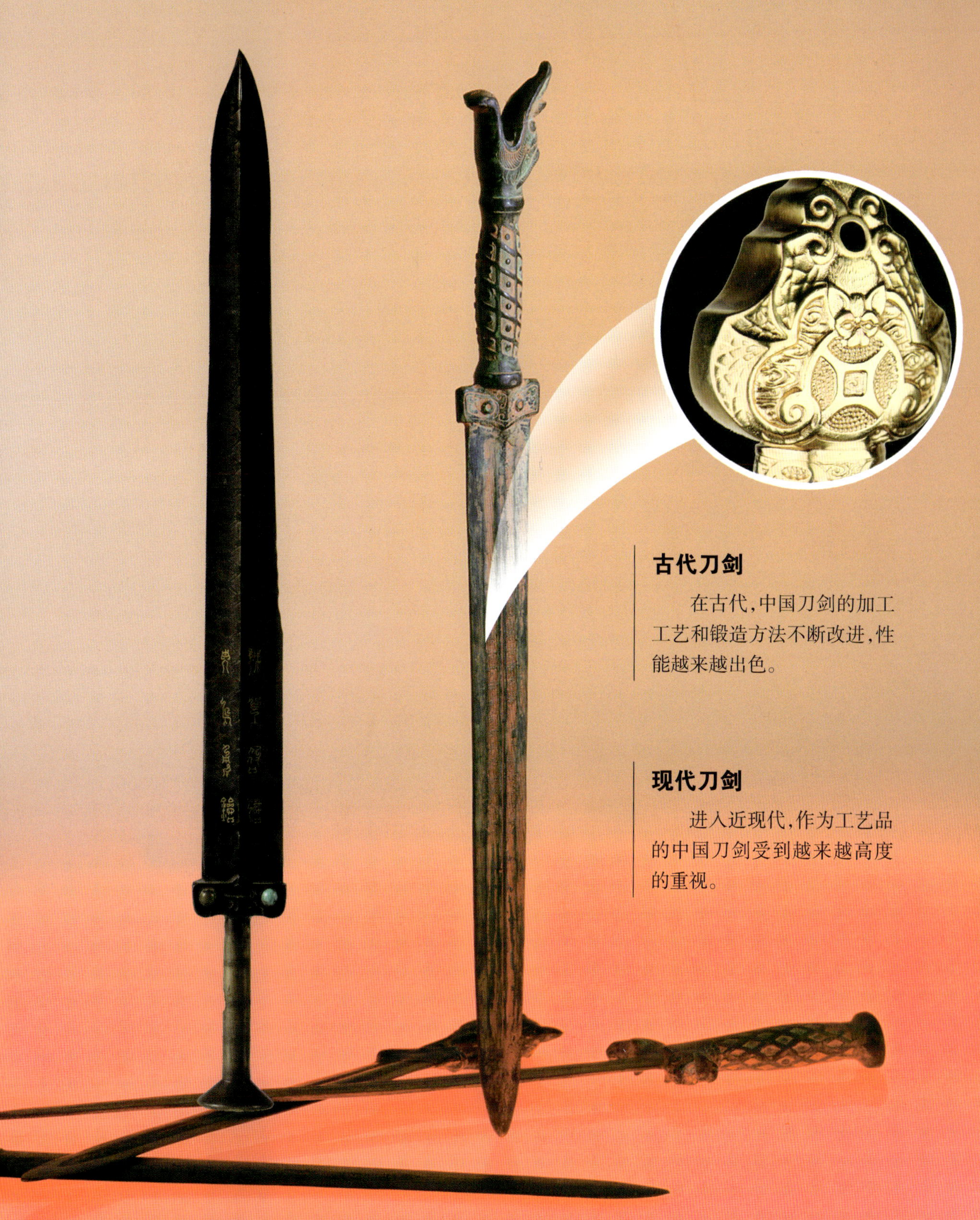

古代刀剑

在古代，中国刀剑的加工工艺和锻造方法不断改进，性能越来越出色。

现代刀剑

进入近现代，作为工艺品的中国刀剑受到越来越高度的重视。

马来克力士剑(直型)基本数据
全长:465 毫米左右
刃长:465 毫米左右
刃材:精钢 + 陨铁
重量:800 克左右
工艺:反复入火锤炼
品质:精美绝伦、坚韧锋利

马来克力士剑

曾几何时,马来人制造出了世界上独具特色的一种兵器,这种兵器足可与世界上任何冷兵器相媲美,然而时至今日,它的铸造技术已经失传,这种兵器就是世界最富神秘色彩的名刃——被誉为“南亚冷兵器之王”的马来克力士剑。最开始,人们对马来克力士剑并不在意,直到西方人与马来人发生过几次战争后,马来克力士剑才声名大振。几年的战争使得西方人深知马来克力士剑的犀利,西方国家的士兵都以拥有一把马来克力士剑为荣耀。现在,荷兰大大小小的博物馆中都陈列着马来克力士剑。

蛇型剑

蛇型马来克力士剑特点鲜明,刀身上的夹层钢有600多层,制造极为精细,而刀刃则是由陨铁锻打成的花纹刃,精美绝伦。

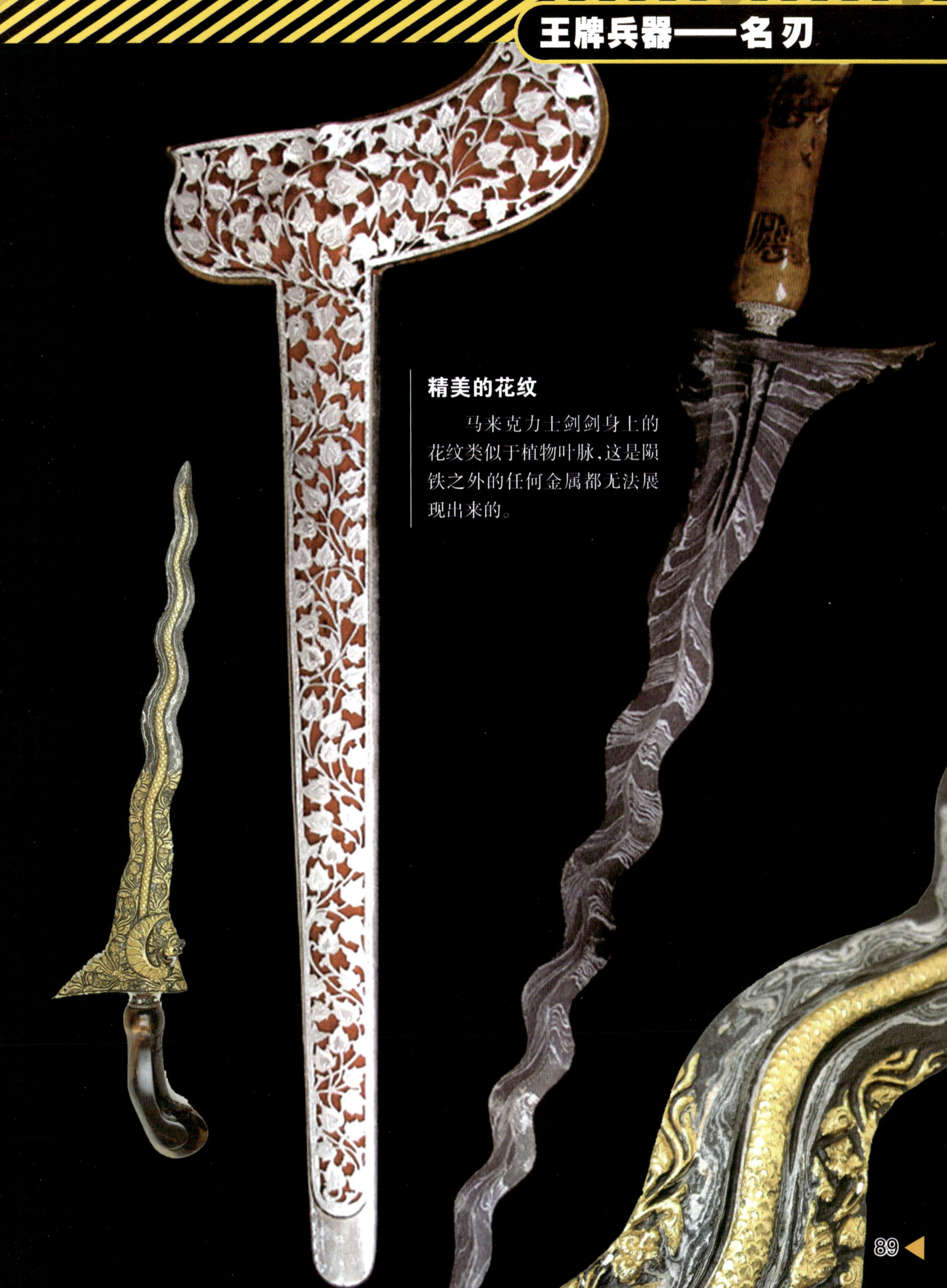

精美的花纹

马来克力士剑剑身上的花纹类似于植物叶脉，这是陨铁之外的任何金属都无法展现出来的。

廓尔喀弯刀基本数据
全长:430 毫米
刃长:290 毫米
刃材:1095 高碳不锈钢
重量:700 克左右
工艺:表面黑色涂层
品质:挥砍有力、攻击力惊人

廓尔喀弯刀

在喜马拉雅山区的尼泊尔等地,有一个令人生畏的雇佣军团,它就是廓尔喀军团。廓尔喀人一向以勇猛著称,他们所使用的廓尔喀弯刀,锋利无比。在数次的战斗中,廓尔喀人用它树立了英勇顽强的威名。

世界上的许多名刀如博伊刀、罗马短剑等,因为出色的战场表现而在冷兵器历史上扮演过重要的角色,而廓尔喀弯刀却远远胜过它们。廓尔喀弯刀是一种中等长度的弯刀,无论是在日常生活中,还是在战斗中,每个廓尔喀士兵都将其随身携带。事实上,每把廓尔喀弯刀都已经与它的主人合二为一。

世界名刀

廓尔喀弯刀曾在抵抗殖民入侵的过程中立下了赫赫战功，它展现了尼泊尔民族的朴实与勇敢，并逐渐成为尼泊尔的文化象征之一。时至今日，廓尔喀弯刀的“英雄本色”依然不减，成为收藏界最炙手可热的名刀。

杀伤力惊人

廓尔喀弯刀在抡砍的时候所有的力量都集中在刀的前部,这与斧子的用力方式非常相似,廓尔喀弯刀因此具备了惊人的杀伤力。

罗马短剑 -Mainz 基本数据
全长:482 毫米
刃长:260 毫米
刃材:熟铁
重量:1 000 克左右
工艺:反复锻打
品质:坚固耐用、能刺能砍

罗马短剑

在罗马帝国漫长的统治过程中,罗马短剑一直是罗马军队的标准装备。它是一种以刺击动作为主的短剑,两侧皆有刃,使用灵活方便。作为兵器,恐怕很少有哪一种能像罗马短剑一样在人类历史上占有如此重要的地位。它对欧洲文化产生了深远的影响,成为了欧美军刀的源流。在两次世界大战中,人们都能够看到由罗马短剑衍生而来的刀具。

公元 5 世纪,随着西罗马帝国的灭亡,罗马短剑也成为了历史。

“征服世界之剑”

因为强大的攻击能力和出色的战场表现,罗马短剑曾被称为“征服世界之剑”,足见当时的人们对罗马短剑的敬畏之情。

锋利的剑尖

罗马短剑的剑尖非常锋利，在古代，罗马短剑几乎可以刺穿任何士兵的铠甲。

配合使用

罗马短剑虽然长度有限，攻击范围较小，但是在与盾牌配合使用的时候，罗马短剑的威力可以得到充分发挥。

索林根伞兵刀基本数据
全长:365 毫米
刃长:220 毫米
刃材:高碳不锈钢
重量:460 克
工艺:表面涂层处理
品质:坚固耐用、品质上乘

索林根刀

位于德国北莱茵－威斯特法伦州的索林根小城所生产的每一把刀都凝聚着日耳曼民族的创新精神和严谨态度,这座小城也因为性能出色的索林根刀而成为世界公认的刀具名城。

每一把索林根刀都完全按照人体工程学设计，最大限度地保证使用者在使用刀具过程中的舒适性,而严谨的制造工艺,又赋予了索林根刀无与伦比的性能,这也造就了索林根刀简约大方、充满艺术性而不花哨的风格。

手工制造

纯手工打造出来的索林根刀永远都是高贵品质的象征。

永恒的经典

“真正的经典，久看不会疲劳，片刻难以割舍。”这句话完美地诠释了索林根刀的高贵品质和世界刀迷对索林根刀的痴迷之情。

锋利的刀刃

早期的索林根刀依靠溪水流动的力量研磨开刃，这样的刀刃异常锋利，而且耐磨损。